科技惠农一号工程

现 代 农 业 关 键 创 新 技 术 丛 书

奶牛产业先进技术

孙国强　主编

山东科学技术出版社

主　编　孙国强

编著者（按姓氏笔画排序）

戈　新　王建华　孙国强　刘建雷

苏鹏程　林英庭　林雪彦

目　录

一、我国奶牛产业概况

改革开放以来,我国奶牛业有了长足进步。2010年,我国奶牛存栏1 250万头,奶类总产量持续上升,已跃居世界第3位,仅次于印度和美国。2010年我国奶类总产量3 740万吨,年递增率为13.3%,分别比肉、蛋高5.3%和4%;其中牛奶产量3 570万吨,年递增率达到13.6%。奶牛单产水平有所提升,2010年我国泌乳母牛单产水平为4 700千克。奶类人均占有量迅速增加,2010年我国奶类人均占有量为27.92千克。奶牛养殖业产值占畜牧业产值和农业产值的比重逐步提高。2010年奶牛养殖业产值1 120亿元,已占畜牧业产值的5.37%,占农业产值的1.78%。2008年发生的"三聚氰胺"事件,使我国奶牛业长期存在的深层次矛盾充分暴露出来,奶牛业遭受了重大挫折。经过治理整顿,奶牛业生产已经恢复正常,正在由粗放增长型逐渐向质量效益型转变,但高质量奶源建设严重滞后等一系列问题仍没有得到有效解决,发展现代奶牛业任重而道远。

(一)存在问题

1. 奶牛单产低,原料奶品质安全水平差

我国奶牛单产低,有遗传、营养、环境、疫病等方面的原因,尤其是优质饲草长期供应不足。优质饲草是指人工栽培牧草和饲料作物,而不包括作物秸秆,作物秸秆通常被认为是劣质饲草。紫花苜蓿是奶牛养殖的首选优质饲草,占奶牛日粮干物质的40%以上。近年来,我国奶牛头数和牛奶总产量快速增加,但优质饲草总量不足,未能有效支撑奶业发展。我国原料奶的质量安全水平也有待于进一步提高。"三聚氰胺"事件发生的一个重要诱因就是原料奶的乳蛋白率常常达不到乳品企业的标准,使得不法分子添加三聚氰胺,提高乳蛋白率而牟利。另外,原料奶的体细胞数、细菌总数较高,抗生素残留问题也比较突出。

2. 奶牛养殖经济效益差

(1)饲草饲料价格提高。当前苜蓿干草、全株玉米青贮、天然羊草等饲草以及玉米、棉粕、豆粕等饲料的价格,有明显提高。

(2)奶牛日粮配方不合理(精料多,优质饲草少),造成奶牛日粮成本高,单产低,营养代谢病多,兽医兽药

费用增加。

(3)部分牛场建设费用过高,大量使用昂贵设备,而技术和管理水平又跟不上,导致固定资产比重过大,成为沉重负担。

(4)规模牛场聘用的技术人员和工人的工资、福利水平也在不断增加。

(5)奶牛单产低,我国多数泌乳牛年单产不足5 000千克,不少规模奶牛场是微利经营。

(6)原料奶价格偏低。因原料奶质量普遍较差,如乳蛋白率低、体细胞数和细菌总数高等,乳品企业除给少量优质原料奶支付较高价格外,多数原料奶价格偏低。

当前提高奶牛养殖效益最可行有效的途径是继续提高原料奶单产和品质,并逐渐建立和完善原料奶优质优价机制,进一步提高乳制品质量安全水平,增强国人消费国产乳制品的信心。

3. 奶牛业环境污染

奶牛对日粮养分的转化效率虽然高于其他大多数畜禽,但仍有大量养分从粪尿中排出。例如,奶牛将食入氮的25% ~35%转化为乳氮,大多随粪尿排泄掉。除氮外,磷的污染也不容忽视。我国养2头泌乳牛的牛奶产量才能相当于美国1头高产泌乳牛,这样在产奶总量相同的情况下,消耗的饲草饲料是美国的2倍,同时产生的粪污亦是美国的2倍。近年来,奶牛粪尿污染日益严重,不仅污染了土壤和空气,地下水也受到硝酸盐污染,形势不容乐观。虽然理论上粪尿可作为肥料,但需要大量财力、人力和物力,技术难度也比较大。所以,减轻奶牛业对环境污染的根本出路在于少养牛、养好牛,即提高单产和养分转化效率,减少粪尿排放量和粪尿的养分浓度。

4. 奶牛业技术进步缓慢

虽然近年来我国奶牛业也取得了一些科研进展,如奶牛种公牛培育、性控精液与胚胎移植、DHI测定、TMR、专用饲料与饲料添加剂、优质饲草品种培育、新兽药等。但在生产上,不仅单项技术研究不够深入,也缺乏技术组装配套与示范推广,广大奶农仍学不到先进适用技术,得不到优质廉价的技术服务,有限的科技不能转化为现实生产力。如在饲草饲料和饲养方面,优质饲草仍很缺乏,大多数奶牛日粮结构仍基本采用“秸秆+高精料”,部分奶牛采用“全株玉米青贮+高精料”,只有极少数奶牛采用“苜蓿干草(或苜蓿青贮、燕麦干草、一年生黑麦草等)+全株玉米青贮+低精料”的日粮结构或在混播人工草地(苜蓿+无芒雀麦、多年生黑麦草+白三叶等)放牧生产优质牛奶。奶牛日粮配方还基本上采用粗蛋白指标,很少考虑瘤胃降解蛋白(RDP)和过瘤胃蛋白(RUP)等指标,更达不到氨基酸平衡。虽然近几年应用TMR技术的奶牛场家在不断增加,但实质上只是饲喂工艺的改进,日粮结构仍没有根本性改变,奶牛仍不能得到优质饲草和充足且平衡的养分供给。所以,只有在日粮结构改善的基础上推广TMR技术,才能取得更大成效。

5. 饲养管理粗放

我国的奶牛饲养规模从主体上来看是散养。全国普遍存在奶牛饲养管理粗放的现象,如后备牛培育、成年奶牛分群、日粮配合、饲喂方法的不合理。用单纯增加精料的办法提高产奶量,导致奶牛发病率增高,而生产寿命缩短;不少奶农对泌乳牛和干奶牛使用相同的方案饲养;在粗饲料差别很大的情况下,按相同的奶料比使用同一精料补充料配方的现象普遍;由于饲养管理不当,成年母牛平均生产利用年限在4胎左右,较8胎的理想利用胎次少4胎,利用年限缩短造成的损失是巨大的。因饲养管理不当造成的奶牛单产下降至少在20%以上,加之饲养管理不当还会造成繁殖率降低、治疗费用升高、原料乳价格降低等问题,实际经济损失更大。

(二)发展方向

1. 淘汰落后产能,持续提高单产

在相当长的一段时间内,我国奶牛养殖和乳品加工的门槛太低，再加上过度宣传，使过多的人力、物力、财力等资源进入奶业，产能迅速膨胀；退出机制也不健全，使得奶业大起大落，时而养牛大热，全民养牛，不惜重金，不远万里大批引进洋奶牛，时而产能相对过剩，奶农倒奶杀牛，多方头疼。“三聚氰胺”事件后，淘汰落后产能已逐步提上议事日程，乳制品工业产业政策（2009 年修订）的出台，使人们认识到奶业持续发展必须提高行业准入条件，不符合条件的乳制品企业不能进入奶业。养不好牛的奶农要逐步退出奶业，低产奶牛要淘汰，使奶业逐步走上良性发展道路。

世界奶业发达国家的成功做法是不断提高奶牛良种率，不断减少奶牛头数，适度提高奶牛场养殖规模，持续提高奶牛单产，到成熟阶段后稳定或小幅增加牛奶总产量。以美国为例，1960～2000 年的 40 年中，美国的奶牛数量从 1 750 万头下降到 920 万头。1920～2007 年，美国每头奶牛的年产奶量从 1 425 千克提高到9 201千克，牛奶总产量近些年保持在 8 400 万吨左右。我国曾一度出现因为乳品质量安全水平低、贫富分化严重等导致乳品消费相对饱和的现象，以至于国产牛奶长期打折促销，卖个“水价”，而洋奶粉却高价大量进入国内市场。今后奶牛业发展应保持牛奶总产量稳定或小幅增长，与之对应的则是奶牛头数小幅减少或稳定，保持单产稳步提高。假设泌乳奶牛头数到2012年减少10%，同时依靠推广苜蓿养牛等技术，使泌乳母牛单产由4 700千克提高到6 000千克，奶产量仍能由2007年的3 525.2万吨提高到3 965.8万吨，满足消费需求应不成问题。如果再过二三十年，使泌乳奶牛单产进一步提高到8吨，甚至9吨、10吨，奶牛存栏数必将明显减少，届时我国必将成为奶业强国。

2. 稳步提高原料奶品质安全水平

我们需要清醒认识到，在中国能吃上优质饲草的奶牛目前只是极少数。让中国的奶牛普遍吃上优质饲草，乳品企业必须将优质饲草生产作为奶源建设的一个重要环节来抓，任重而道远。依靠秸秆（未经加工处理的原秸秆）不能发展高品质奶业，已逐渐成为人们的共识。使用苜蓿等优质饲草为奶牛提供廉价优质粗蛋白来源，同时使用适量玉米酒精糟及可溶物（DDGS）或啤酒糟作为RUP来源，保持RDP和RUP的平衡，提高小肠可消化粗蛋白的供给量，既可满足奶牛蛋白质营养需要，又明显降低了饲料成本，提高了乳蛋白率。此外，应杜绝使用动物性蛋白质饲料，合理使用国家认可的非蛋白氮，禁止使用未经国家认可和安全性评价的新非蛋白氮。

3. 注重环境保护与种养结合

奶业发达国家的先进经验是奶牛业与优质饲草协

调发展，奶牛场周边总是配置有大片的饲草地，既可给奶牛提供充足饲草，又可消纳奶牛场产生的粪污，实现养分高效循环利用。国外最新科学研究表明，给奶牛饲喂苜蓿等富含不饱和脂肪酸的优质饲草，有助于减少甲烷等温室气体排放。施行以草换奶的技术路线，无疑比当前以料换奶更经济、更环保。

二、我国的奶牛品种资源

生物品种是人类选育的结果，是一个具有较高经济价值和种用价值，又有一定结构的较大生物群体。这个群体具有共同的血统来源和遗传基础，具有相似的生产性能、形态特征和适应性，并能将其重要的特征特性稳定地遗传下去。优良的奶牛品种，不但在相似的条件下能生产更多更好的奶产品，而且可大大提高奶牛业的劳动生产率。

1. 荷斯坦牛

(1)荷斯坦牛的特点及利用：荷斯坦牛，原称黑白花牛，原产于荷兰、丹麦和德国。据统计，目前全世界荷斯坦牛占奶牛总数的60%以上。荷斯坦牛的产奶量最高，单产可达6 000~7 000千克；耐寒性强，性情温顺，容易管理。荷斯坦牛的缺点是乳脂率和乳蛋白率较低，耐粗、耐热性较差，对饲养管理条件要求高且抗病力较差。

荷斯坦牛适于饲养管理条件较好的北方地区饲养；

适于作父本，对当地黄牛进行级进杂交，向奶牛方向发展。

(2)选择纯种的荷斯坦牛：在大中型奶牛场一般都建立了系谱档案，系谱中明确记载了奶牛的三代血统，容易判断该牛是否纯种。如果没有系谱记载或对系谱记载有怀疑时，就要根据牛的体形外貌来挑选。我国的荷斯坦牛基本上都是黑色，黑白相间，花色分明，额部多有白斑，腹下、四肢膝关节以下及尾端呈白色。凡是无系谱记载，又出现下列情况的牛不是纯种：全黑；全白；尾帚黑色；腹部全黑；一条或几条腿环绕黑色达到蹄部；一条或几条腿从膝部到蹄部全部为黑色；全身灰色。荷斯坦母牛头部清秀，鼻镜宽，鼻孔大，额宽，鼻梁直。头轻并稍长，可达体长的1/3以上；杂种牛则相对较短而宽，个别还显粗重。荷斯坦母牛的颈部较薄，长而且平直，颈侧有纵行的细致花纹；杂种牛的颈较粗，肌肉较发达。荷斯坦母牛的尻部宽大而且有棱角，乳房基部宽阔，四肢较高；杂种牛的尻部一般较窄（如乳役杂交牛），有的虽然较宽但缺乏棱角（如乳肉杂交牛）。乳房基部狭窄，两后肢间距小，而且四肢较短。荷斯坦母牛的体形大，体高和体长与杂种牛有明显的区别。

(3)选择高产的荷斯坦牛：在大中型奶牛场，可通过系谱了解个体及其祖代的生产性能水平。对未建立系谱的牛群或对系谱有怀疑时，就要通过体形外貌进行挑选。

(4)选择健康的荷斯坦牛:

①避免购进有传染病的牛。首先要调查要卖牛的奶牛场、奶牛小区在近几年有没有发生过传染病,最好由当地畜牧主管部门进行检疫或出具具有法律效力的检疫证明。不要到3年内曾发生过传染病或近期检出阳性牛的奶牛场、奶牛小区购牛。

②了解清楚计划买牛的奶牛场、奶牛小区的免疫情况,不要到没有进行过有关疫苗注射的牛场、小区购牛。

③避免购进有先天性繁殖障碍的牛。计划购买青年牛时,一定要检查其生殖器官,避免购进有先天性繁殖障碍的牛(即异性孪生、两性畸形和患有幼稚病的牛)。异性孪生者阴道短小,一般只有正常阴道的1/3,手不能伸入,只能用羊的阴道开膣器;阴门狭小、位置较低,阴蒂较长,直检摸不到子宫颈,子宫角细小;卵巢大小如西瓜子,很难摸到;乳房极不发达,乳头与公牛相似。两性畸形牛也是阴门狭窄,而且阴唇不发达,但下角较长,阴蒂特别发达,类似小阴茎,呈暗红色突出,阴毛长而且粗。患幼稚病的牛,阴道、阴门均特别狭小。

④避免购入瞎乳头和患乳房炎的牛。瞎乳头的牛比较容易辨别。对于产奶牛,一定要试挤,看看4个乳池是否都饱满,4个乳头是否都通畅,乳头内是否有异物感,乳中是否有乳瓣,乳房是否红肿,奶牛有无疼痛表

现等。

⑤避免购入曾流过产或难配的牛。对怀孕牛，要通过直检确认是否怀孕，注意妊娠期与母牛年龄或产后天数是否相符。如月龄较大的青年牛或产后时间已很长的经产牛，妊娠期却较短时，则要谨慎挑选，这种牛很可能是曾流过产或较难配的牛。对未怀孕的牛，则要直检其子宫、卵巢、阴道是否正常。对后躯不洁的牛（如有浓痂）、尾根高举的牛要谨慎挑选，后躯不洁的牛往往有子宫炎症，而尾根高举的牛很可能患有卵巢疾病。

⑥避免购入患有肢蹄病的牛和有抗拒挤奶、踢人、顶人等恶癖的牛。

（5）选择年龄适宜的荷斯坦牛：购入的荷斯坦母牛一般不要超过5岁，通过其牙齿（门齿）的出生、脱换和磨损情况来判断牛龄。

2. 娟姗牛

娟姗牛原产英国，以乳脂率高、乳房形状良好而闻名。娟姗牛个体小，毛色深浅不一，银灰至黑色，以栗色毛为最多。一般年平均产奶量为4 000千克左右，每100千克体重约产奶1 000千克。乳脂率高，平均为5.3%，是高乳脂奶牛品种。许多国家用娟姗牛改良低乳脂品种，效果明显。

在娟姗牛同荷斯坦牛的杂交中，通常杂交一代比荷斯坦牛母本的乳脂率提高0.81%，娟姗牛杂交改良牛实际上是通过改善牛群的早熟性、顺产性、乳质，对热带疾病如肢蹄病、寄生虫病（蜱及由蜱所传播的焦虫病等寄生虫病）的抵抗力而实现的。据实践，娟姗牛完全可能成为改良高温高湿地区奶牛群和低乳脂奶牛群的主导外血，该品种对于改良我国荷斯坦奶牛很有必要。北京、哈尔滨和山东临沂已引进部分娟姗牛，主要目的是改良本地荷斯坦奶牛。

3. 西门塔尔牛

西门塔尔牛产于瑞士阿尔卑斯山区，为高产奶品种，在产肉性能上并不比专门化肉用品种逊色，役用性能也很好，是大型的乳、肉、役三用品种。畜牧界将西门塔尔牛誉称为“全能牛”，成为世界各国的主要引种对象，广为分布。我国于20世纪初引入西门塔尔牛，分布于呼伦贝尔盟的三河地区和滨州沿线，与当地蒙古牛进行杂交，育成了三河牛。

中国西门塔尔牛，是由国外引进的西门塔尔牛与我国本地黄牛级进杂交，选育高产改良牛的优秀个体培育而成的大型乳肉兼用新品种。西门塔尔牛平均产乳量5 000千克左右，乳脂率3.9%左右。西门塔尔牛也具有良好的肉用性能，肉质好，胴体瘦肉多，屠宰率为55%～60%，经肥育的公牛屠宰率可达65%。西门塔尔牛对我国黄牛的体尺、产奶量、净肉量、胴体中优质切块比例改良效果显著，对眼肌面积、屠宰率亦有所改进。

目前，西门塔尔牛改良我国黄牛正向着综合利用方向发展，即公牛产肉、母牛产奶，农区农忙时也可役用。

4. 三河牛

三河牛原产于内蒙古呼伦贝尔草原，是我国培育的第一个乳肉兼用品种。年产奶量平均2 000 千克左右，在良好的饲养条件下可达 3 000 ~4 000千克，乳脂率平均为4%左右。毛色大多为红（黄）白花。三河牛无论在外貌上和生产性能上，个体间差异很大，有待于进一步改良提高。

5. 新疆褐牛

新疆褐牛系引进瑞士褐牛和含有瑞士血液的前苏联阿拉托乌公牛，对新疆当地黄牛进行长期杂交改良选育成的。毛色主要为褐色，平均年产奶量为 2 900千克，乳脂率为4.08%。

6. 中国草原红牛

中国草原红牛系利用乳肉兼用型短角公牛与蒙古牛母牛杂交，经过长期选育而形成的乳肉兼用品种。在以放牧为主的条件下，年产奶量 1 500 多千克，如补料年产奶量可达2 000 千克以上，乳脂率4.02%。

三、奶牛繁殖技术

繁殖工作是奶牛生产的重要环节,繁殖工作的好坏不仅影响牛群的增殖,而且影响牛群的产奶性能和种用价值以及奶牛场的经济效益。

(一)发情鉴定与配种

1.发情鉴定

(1)外部观察:发情母牛行为表现精神不安、敏感,清晨是观察母牛发情的最好时间,主要观察母牛阴道是否有透明黏液排出和爬跨情况。

①发情前期:发情母牛常追爬其他母牛,从阴道流出稀薄白色透明黏液,阴户开始发红肿胀,但此刻不让其他牛爬跨。

②发情盛期:性欲旺盛,阴道流出黏液量增加,为不透明状,呈牵缕性。被其他母牛爬跨时稳站不动,有时还弓腰,举尾,频频排尿,愿意接受交配。

③发情后期：母牛转入平静，不愿被其他母牛爬跨；阴道流出黏液量、黏稠度、透明度、阴户红肿程度，均比发情盛期差。

有时未发情母牛也爬跨其他母牛，或者有少数怀孕母牛被爬跨时也不动，应注意区别。一般未发情母牛爬跨其他母牛，但当被其他母牛爬跨时，则反抗逃避。同时外阴不红、不肿、不流黏液。

(2)阴道检查：将母牛保定，用0.1%高锰酸钾溶液浸湿毛巾消毒，擦洗外阴部。开膣器用2%～5%来苏儿溶液浸泡消毒，再用生理盐水将药液冲洗掉。一手把开膣器嘴先闭上，另一手的拇指和食指拨开阴户，将开膣器横位慢慢从阴户插入阴道内。再将开膣器旋转90°，使把柄向下，按压把柄扩张阴道，借用手电筒光检查母牛阴道和子宫颈黏膜变化。根据黏膜充血、肿胀程度，黏液分泌量、色泽、黏稠度及子宫颈口开张等，判定发情阶段。

①发情初期：黏液透明，如水玻璃状，有流动性。以后黏液量逐渐增多，变为半透明，有黏性。

②发情盛期：黏膜充血、肿胀，有光泽，黏液在阴道中积存；子宫颈外口有较多黏液附着，呈深红色、花瓣状，子宫颈外口和子宫颈管松弛，呈开张状态。将子宫颈的黏液涂片于显微镜下观察，发情盛期抹片呈羊齿植物状结晶花纹。

③发情后期：黏膜充血消失，呈浅桃红色，黏液变少。发情后期抹片的结晶较短，呈现金鱼藻或星芒状。

④发情末期：黏液减少，呈黏糊状，有利于精子进入子宫，并作为宫颈塞防止精液外流。

（3）直肠检查：直肠检查是用手通过母牛直肠壁触摸卵巢及卵泡的大小、形状、变化状态等，以判定母牛发情的阶段，确定是真发情还是假发情。直检是生产实践中常用的较为可靠的方法。

母牛发情时，通过直肠检查卵巢，可摸到黄豆大小的卵泡突出于卵巢表面。发情前期卵巢稍增大，卵泡直径0.25～0.5厘米，突出于卵巢表面；发情盛期卵泡增大，直径1～1.5厘米，卵泡中充满卵泡液，波动明显，突出于卵巢表面；发情后期卵泡不再增大，但泡壁变薄，泡液呈波动性，有一触即破的感觉。如卵泡破裂，卵泡处出现凹陷。

2.适时配种

为了提高受胎效果，必须准确掌握母牛排卵时间，以便适时配种。多数人认为，奶牛发情持续时间为18小时左右，初配牛为15小时。母牛排卵多发生在发情结束后6～8小时。

众所周知，卵子和精子受精部位是在输卵管上的1/3膨大部（即壶腹部），卵子从卵巢排出到达漏斗部需要3～6小时。卵子排出后维持受精能力约为6小时；

精子从子宫颈到达输卵管膨大部为几十分钟。所以,最适宜的配种时间为发情盛期、后期、末期至发情结束后 3～4 小时。

在生产实际中,由于很少能观察到准确的发情开始征兆,所以掌握最佳配种时机比较困难,应结合触摸卵泡发育程度进行输精。一般早上母牛发情(被爬跨不动)则下午配,第二天上午再复配一次。若下午发情,则第二天早上配,下午再复配一次。在实际工作中,如上午发现发情,就在第二天相应的时间配种,在下午或晚上复配一次;如果下午发现发情,就在翌日下午相应时间配种,在第三日清晨再复配一次。

母牛受胎效果不决定于配种次数,关键在于适时配种和不断改进配种技术。一名优秀的配种员应该技术熟练,而且懂得母牛发情排卵规律。技术上过得硬的配种员,可采取一次配种。

(二)妊娠与分娩

1. 母牛妊娠的主要征象

母牛配种后,从受精到分娩的过程叫妊娠,母牛在生理上发生一系列的变化。首先停止发情,性格变得温驯、迟钝,行动迟缓,放牧或赶出运动经常走在牛群之后。母牛妊娠 3 个月后,食欲亢进,膘情好转,以后又趋下降。初产牛此时在乳房内能摸到硬块。4 个月后母牛常表现异嗜。5个月后腹围粗大，初产牛此时乳房显著膨大，乳头变粗，并能挤出牵缕性的黏性分泌物；经产牛从妊娠5个月开始，泌乳量显著下降，脉搏、呼吸频数也明显增加。妊娠6~7个月时，用听诊器可以听到胎儿的心跳，并在腹部可看到胎儿在母牛体内转动的情况，特别是在清晨饲喂前及运动后，胎儿在母体内更为活跃。妊娠8个月时，胎儿体积显著增大，在腹部脐部撞动，腹围更大。

2. 母牛妊娠期的计算

妊娠日期的计算是由配种日期到胎儿出生为止。母牛妊娠期依个体不同而有差异，一般为270~285天，平均280天。一般早熟的培育品种母牛妊娠期稍短，而晚熟的原始品种妊娠期较长；怀双胎母牛的妊娠期比单胎的稍短；青年母牛的妊娠期比成年牛或老年稍长；怀雄性胎儿比雌性胎儿成熟的稍迟几天。

为了做好分娩前的准备工作，必须精确推算奶牛的产犊日期。按妊娠期280天计算，“月减3、日加6”，即配种的月份减去3，配种的日期加上6，即为预产期。

3. 保胎

母牛妊娠后要做好保胎工作，以保证胎儿的正常发育和安全分娩，并防止流产。造成流产的生理因素，主要有胎儿在妊娠中途死亡；子宫突然发生异常收缩；母体内生殖激素（助孕素）发生紊乱，母体变化，失去保胎能力等。妊娠前两个月内，胚胎在子宫内呈游离状态，逐渐完成着床过程。胎儿由依靠子宫内膜分泌的子宫乳作为营养过渡到靠胎盘吸收母体营养。这个时期如果母牛的饲养水平过低，尤其是营养质量低劣时，子宫乳分泌不足，就会影响胚胎的发育，造成胚胎死亡；妊娠后期胎儿急速生长、母牛腹围增大，饲养管理不当易造成母牛流产、早产。

满足母牛蛋白质、矿物质和维生素等营养的需要，尤其是在冬季枯草期。维生素A缺乏，子宫黏膜和绒毛膜上的上皮细胞改变，妨碍营养物质的交流，母子也容易分离。维生素E不足，常使胎儿死亡。冬季缺乏青绿饲料时应补充青菜和青贮，胎儿血液中钙、磷含量高于母体血液，当饲料中供应不足时母牛往往动用骨骼中的钙，供胎儿生长，易造成母牛产前和产后瘫痪。因此，孕牛要注意补喂含蛋白质、矿物质、维生素丰富的饲料，不喂发霉变质、酸度过大、冰冻和有毒的饲料。

孕牛运动要适当，严防惊吓、滑跌、挤撞、鞭打、顶架等。对于有些患习惯性流产的母牛，应摸清流产规律，采取保胎措施，服用安胎中药或注射“黄体酮”等。

4. 分娩

分娩是指成熟的胎儿、胎膜及其胎水自子宫腔内排出的一种生理过程。在分娩结束后，成熟的胎儿由子宫内生活转而为体外独立生活。随着胎儿的逐渐发育成熟和产期的临近，母牛发生一系列变化，根据这些变化可以估计分娩时间，以便做好接产准备。

（1）乳房膨大：产前半个月乳房膨大。一般妊娠母牛在产前几天可以从前面两乳头挤出黏稠、淡黄如蜂蜜状的液体，当能挤出乳白色的初乳时，分娩可在1～2天内发生。

（2）外阴部肿胀：母牛在妊娠后期阴唇逐渐肿胀、柔软、皱褶平展，封闭子宫颈口的黏液塞溶化，在分娩前1～2天呈透明的索状物从阴部流出，垂于阴门外。

（3）骨盆韧带松弛：妊娠末期，由于骨盆腔血管内血流量增多，静脉淤血，毛细血管壁扩张，血液的液体部分渗出管壁，浸润周围组织，因此，骨盆部韧带软化，臀部有塌陷现象。在分娩前1～2天，骨盆韧带已充分软化，尾根两侧肌肉明显塌陷，使骨盆腔在分娩时能稍增大。

（4）子宫颈开始扩张：母牛开始发生阵痛，时起时卧，频频排粪尿，头不时向后回顾腹部，感到不安，表明母牛即将分娩。

（5）分娩：开口期子宫肌发生更加频繁有力的阵缩，同时腹肌和膈肌也发生强烈收缩，腹内压显著升高，把胎儿从子宫内经产道排出。胎儿排出期子宫肌发生更加频繁有力的阵缩，同时腹肌和膈肌也发生强烈收缩，收缩的间歇期较长，阵缩进行到胎衣完全排出为止。胎衣排出后分娩过程结束。

5. 接产

母牛出现分娩征状后，立即安排专人值班；做好安全接产工作，准备好碘酒、药棉、纱布、剪刀等。产室地面应铺以清洁、干燥的垫草，并保持安静的环境。在安静的环境里，母牛大脑皮质容易接受来自子宫的刺激，子宫强烈收缩，使胎儿迅速排出。一般胎膜小泡露出后10～20分钟母牛多卧下，要向左侧卧，以免胎儿受瘤胃压迫，难以产出。当胎儿的前蹄将胎膜顶破时，要用桶将羊水（胎水）接住，产后给母牛饮服3～4千克，可预防胎衣不下。正常情况是胎儿两前脚夹着头先出来，倘发生难产，应先将胎儿顺势推回子宫矫正胎位，不可硬拉。倒生时，当胎儿两后腿产出后，应及早拉出，防止胎儿腹部进入产道后，脐带压在骨盆底下而窒息死亡。若母牛阵缩、努责微弱时应进行助产，用消毒绳缚住胎儿两前肢系部。助产者双手伸入产道，大拇指插入胎儿口角，然后捏住下颚，乘母牛努责时一起用力拉，用力应稍向母牛臀部后上方。当胎儿头部经过阴门时，一人用双手护住阴唇及会阴，避免撑破。胎头拉出后，再拉的动作要缓慢，以免发生子宫内翻或脱出。当胎儿腹部经过阴门时，用手护住胎儿脐孔部，防止脐带断在脐孔内，并延长断脐时间,使胎儿获得更多的血液。

(三)繁殖管理目标

1. 初配月龄

14~16 月龄的荷斯坦牛,体重达 350~400 千克,方可参加配种。

2. 产犊间隔

产犊间隔指母牛两个胎次的间隔天数,既在一定程度上反映了公、母牛在受精方面的遗传力,也是衡量牛群管理的最重要指标。如产后 85 天左右受胎,大致每年 1 胎,这是奶牛繁殖最佳类型。所以,初产母牛 13 个月和经产母牛 12 个月产犊间隔,对增加产奶量和提高经济效益是最合适的。

3. 产后发情适配时间

如果在产后 60 天内,有第 1 次发情的母牛达牛群的 80%,表明牛群的繁殖性能正常,各项管理水平良好。适配时间要掌握在分娩后 50~70 天。

4. 受胎指数

受胎指数是指母牛每次最终受胎的人工授精次数(同一个情期复配按一次计),这是衡量每位配种员技术水平的重要指标。一般母牛平均受胎次数低于 1.8 为极好;1.8~2.0 为正常;2.0~2.3 为有问题;2.3~2.8 为问题较重;超过 2.8 为问题严重。最高不能高于

2.0次，即年情期受胎率不低于55%，否则要及时查明原因，采取综合管理措施。

5. 年分娩率和年受胎率

青年母牛年分娩率为95%以上，经产母牛为80%以上；经产母牛受胎率大于85%，头胎牛80%，流产率低于5%，难孕牛低于10%。

年分娩率＝(年实娩母牛头数÷年应娩母牛头数)×100%

年受胎率＝(年受胎母牛头数÷年受配母牛头数)×100%

年受胎率统计日期，繁殖年度按上年10月1日至本年9月30日止计算。年受配母牛数包括16个月龄以上母牛。

6. 平均年产犊间隔

平均年产犊间隔＝(年内产犊的经产母牛的产犊间隔总天数÷年内产犊的经产母牛头数)×100%

(四)胚胎移植技术

胚胎移植是将良种母牛配种后的早期胚胎取出，移植到生理状态相同的母牛体内，继续发育成为新个体，又称为借腹怀胎。提供胚胎的个体为供体，接受胚胎的个体为受体。胚胎移植实际上是产生胚胎的供体和养育胚胎的受体分工合作，共同繁殖后代的过程。胚胎移植产生的后代，遗传物质来自供体母牛和与之交配的公牛，而生长发育所需的营养物质则从养母(受体)获得,因此,供体决定着它的遗传特性(基因型)。如果说人工授精是提高良种公牛配种效率的有效方法,那么胚胎移植就为提高良种母牛的繁殖力提供了新的技术途径,能够充分发挥优良母牛的繁殖潜能。

1. 供体牛与受体牛的选择

(1)供体选择:具备遗传优势,育种价值大的母牛;具有良好的繁殖能力,无遗传缺陷,分娩顺利无难产;健康无病、体质差的母牛通常对超数排卵处理反应差;营养良好,供体日粮应全价,并注意补给青绿饲料,膘情适度,不要过肥或过瘦。

(2)受体的选择:受体母牛可选用非优良品种的个体,但应具有良好的繁殖性能和健康体况,可选择与供体发情同期的母体为受体,一般二者的发情同步差不宜超过 ±24 小时。

2. 超数排卵与同期发情

(1)超数排卵的处理:

①用 FSH 超排:在发情周期(发情当天为零天)9~13 天中的任何一天,肌注 FSH。以递减剂量连续肌注 4 天,每天注射两次(间隔 12 小时),剂量按牛的体重、胎次适当调整,总剂量为 300~400 大鼠单位。在第一次注射 FSH 后 48 小时、60 小时各肌注一次 $PGF_{2\alpha}$,每次 2~4 毫克,采用子宫灌注剂量可减半。进

口 $PGF_{2\alpha}$及其类似物，由于产地、厂家不同所用剂量不一样。

②用 PMSG 超排：在发情周期的第 11～13 天中任意一天肌注一次即可，按每千克体重 5 国际单位确定 PMSG 总剂量，在注射 PMSG 后 48 小时、60 小时分别肌注 $PGF_{2\alpha}$一次，剂量为每次 2～4 毫克。母牛出现发情后 12 小时，再肌注抗 PMSG，剂量以能中和 PMSG 的活性为准。

(2)同期发情：在胚胎移植过程中，必须要求受体和供体达到同期发情。这样两母牛的生殖器官就能处于相同的生理状态，移植的胚胎才能正常发育。受体母体的同期发情处理，与供体母牛的超数排卵同时进行。当前比较理想的同期发情药物是 PGs 及其类似物，用量根据药物的种类和用法而不同。采用子宫灌注的剂量要低于肌肉注射的剂量。在注射 $PGF_{2\alpha}$后 24 小时，配合注射促进卵泡发育的 PMSG 或 FSH，可以明显提高同期发情效果。

3. 供体牛的发情与配种

超数排卵处理结束后，要密切观察供体牛的发情征状，正常情况下供体牛大多在超排处理结束后 12～48 小时发情。供体牛发情主要是接受他牛爬跨且站立不动，此时作为零时，由于超排处理后排卵数较正常发情牛多且排卵时间不一致，如精子和卵子的运动受超排处理的影响。为了确保卵子受精,应增加输精次数和加大输精量,新鲜精液优于冷冻精液。一般在发情后8～12小时输一次精,间隔8～12小时再输一次。

4. 胚胎采集与检查

胚胎的收集,简称采胚。采胚就是借助工具,利用冲胚液将胚胎由生殖道(输卵管或子宫角)中冲出,并收集在器皿中,多采用非手术法。

5. 胚胎移植

移植前可将移植胚胎吸入0.25毫升塑料细管内,隔着细管在立体显微镜下检查,确定胚胎已吸入细管内,然后将细管(棉塞端向后)装入移植器中。先将受体直肠内的宿粪掏净,通过直肠检查确定黄体侧别并记录黄体发育情况。助手分开受体阴唇,移植者将移植器插入阴道。为防止阴道污染移植器,在移植器外套上塑料薄膜套。当移植器前端插入子宫颈外口时,将塑料薄膜撤回。按直肠把握输精的方法,缓缓将移植器前端插入黄体侧子宫角内,并将移植器准星调到与地面垂直的位置(此时移植器前端开口朝下),助手迅速将推杆推进,通过细管棉塞把含胚胎的培养液推到移植器前端,经开口处滴入子宫角内。移植操作要迅速、轻巧,不得对子宫造成损伤。

6. 术后观察

要观察供、受体牛在预定时间内的发情状况,供体牛下次发情可配种或停配 2 ~3个月再作供体；受体牛如果发情，说明胚胎移植失败，应查明原因。对妊娠母牛，则要加强饲养管理和保胎，防止流产，并按预产期做好接产和犊牛护理工作。

四、奶牛饲料资源开发与利用

(一)奶牛常用饲料

1. 粗饲料

粗饲料是指饲料干物质中粗纤维的含量在18%以上,由于粗饲料的粗纤维含量高、体积大,难以消化,故营养价值较低。粗饲料主要包括干草类、农副产品类(农作物的荚、壳、藤、蔓、秸、秧等)、树叶类、糟渣类等。粗饲料来源广、种类多、产量大、价格低,是草食家畜冬春季节的主要饲料来源。

(1)粗纤维含量高,有机物的消化率低。干草的粗纤维含量为25% ~30%,秸秆类也达25% ~30%。粗纤维中含有较多的木质素,很难消化。粗饲料有机物中缺乏淀粉和糖,主要是粗纤维,有机物的消化率低,因而有效能值低。

(2)粗蛋白质含量差异很大。豆科干草含粗蛋白质为 10% ~19%，禾本科干草为 6% ~ 10%，而禾本科秸秆仅为 3% ~5%。

(3)维生素 D 含量丰富，其他维生素则较少，但优质干草含有较多的胡萝卜素。如阴干的苜蓿干草，每千克含有胡萝卜素 26 毫克。秸秆几乎不含胡萝卜素。干草中含有一定量的 B 族维生素，如苜蓿干草中的核黄素含量相当丰富，每千克含有核黄素 16 毫克左右。秸秆类饲料缺乏 B 族维生素。各种日晒后的粗饲料，含有大量的维生素 D。

2. 青绿多汁饲料

青绿多汁饲料种类很多，包括天然牧草、人工栽培牧草、叶菜类、树叶、水生植物、块根、块茎及瓜类等(自然水分含量大于 60%)。

(1)蛋白质含量较高：一般豆科青饲料的粗蛋白质在 3.2%~4.4%，禾本科牧草和蔬菜类饲料在 1.5% ~3%，按干物质计算，前者可达 18% ~24%，后者为 13% ~15%。

(2)维生素含量丰富：青绿饲料胡萝卜素含量较高，每千克含 50 ~80 毫克的胡萝卜素，还含有丰富的核黄素、烟酸、B 族维生素和维生素 C、E、K 等，但维生素 B_6 很少，缺乏维生素 D。

(3)钙、磷丰富：尤以豆科植物含钙量多，钙磷比例适宜。

(4)粗纤维含量较低:青饲料含粗纤维较少,木质素低,无氮浸出物较高。青饲料干物质中粗纤维不超过30%,叶菜类不超过15%,多汁饲料仅占3%~10%。青饲料中粗纤维的含量随着植物生长期延长而增加,木质素含量也显著增加。一般植物开花或抽穗之前,粗纤维含量较低。木质素每增加1%,有机物消化率下降4.7%。

(5)胡萝卜素的含量差异很大,除胡萝卜、南瓜、西葫芦等含量丰富外,其余都很缺乏。多汁饲料(块根、块茎、瓜类等)维生素C较丰富,维生素B族较少。

3.青贮饲料

青贮饲料是以新鲜的全株玉米、玉米秸等青绿饲料为原料,切碎后装入青贮窖,在厌氧条件下经过乳酸发酵调制保存的饲料。青贮饲料的共同特点是富含水分、蛋白质、维生素和矿物质等养分,2.5~3千克青贮饲料可代替1千克干草,以全株玉米青贮的营养价值最高、适口性好,易于消化。

4.能量饲料

能量饲料是指饲料干物质中粗蛋白含量在20%以下,粗纤维含量在18%以下的一类饲料,主要包括谷实类、糠麸类、块根块茎类和饲用油脂类等。能量饲料的特点是无氮浸出物含量高(主要是淀粉),如玉米的无氮浸出物的消化率达90%以上,能量含量高。

营养缺陷：蛋白质和必需氨基酸含量不足，蛋白能量比过低。按干物质计，能量饲料中蛋白质含量占8.9%~13.5%，能量饲料显然过低，因此，这类饲料必须与其他的蛋白质饲料配合使用。能量饲料含有一定量的脂肪，一般占干物质的4%~5%，但大部分为不饱和脂肪酸，粉碎后长时间保存容易酸败。能量饲料缺少钙，钙磷比不适宜。谷实类饲料中含钙量一般低于0.1%，而磷的含量可达0.31%~0.45%，这样的钙磷比例对任何动物都是不适宜的，因此，在使用时注意补充钙磷。

5. 蛋白质饲料

蛋白质饲料是指干物质中粗纤维含量在18%以下，粗蛋白质含量在20%以上的饲料。我国规定反刍动物不准使用动物源性的饲料，故奶牛只可以利用植物性蛋白质饲料、单细胞蛋白质饲料和非蛋白氮饲料。

（二）青贮饲料制作技术

青贮饲料的原料是青绿饲料，青绿饲料有许多优点，但也有其特殊性（如季节性、天气等），所以，饲喂青绿饲料的奶牛越来越少，而饲喂青贮饲料的奶牛却越来越多。青贮饲料在密封厌氧条件下保藏，由于不受日晒、雨淋的影响，也不受机械损失影响，在贮藏过程中氧化分解作用微弱，养分损失少（一般不超10%）。秸秆在晒干过程中仍消耗和分解营养物质，养分损失一般达20%～40%。青贮饲料的养分含量和消化率大大高于干玉米秸，全株玉米青贮料的营养价值高于青贮玉米秸。据测定，全株玉米青贮的奶牛能量单位和可消化粗蛋白分别为0.45个/千克和14.4克/千克，而青贮玉米秸分别为0.30个/千克和10克/千克。在相同单位面积的耕地上，所产的全株玉米青贮料的营养价值，比所产的玉米籽实加干玉米秸的营养价值高出30%～50%。据试验，以青贮玉米秸秆替代干玉米秸秆饲喂奶牛，在粗饲料自由采食、精饲料喂量相同的情况下，奶牛产奶量可提高15%左右，而乳脂率也可提高0.2%。以全株玉米青贮代替青贮玉米秸秆饲喂泌乳奶牛，在不改变精料喂量的情况下，每头每日平均增产奶量5千克左右。对于玉米种植户来说，出售全株玉米比分别出售玉米粒和干玉米秸，可以增收80～160元/亩。

1. 青贮原理

在厌氧条件下，附生于作物上的乳酸菌利用原料中的可溶性碳水化合物（糖分）发酵产生有机酸（主要是乳酸），使青贮饲料的pH降低，从而抑制各种微生物的活动和繁殖，达到更好保存青绿饲料的目的。在青贮过程中乳酸菌快速增殖，当pH降至3.8～4.0时，各种微生物的活动全部终止。

2. 青贮饲料制作

从青贮原理可以看出,成功的关键是含糖量、适宜的含水量和厌氧环境。

(1)适宜的含水量:青贮原料中含有适量水分,是保证乳酸菌正常活动的重要条件。水分含量过高或过低,均会影响青贮发酵过程和青贮饲料的品质。如水分过低,青贮时难以踩紧压实,造成好氧性菌大量繁殖,使饲料发霉腐败。水分过多易压实结块,利于酪酸菌的活动,使青贮料变臭、品质变坏。同时植物细胞液汁被挤后流失,使养分损失。

乳酸菌繁殖活动最适宜的含水量为65% ~75%。将切碎的原料紧握手中,然后自然松开,若草球仍保持球状,手有湿印,即水分含量在68% ~75%;若草球慢慢膨胀,手上无湿印,水分含量在60% ~67%,适合于豆科牧草的青贮。含水分过高或过低的青贮原料,青贮时应处理或调节。

(2)创造厌氧环境:

①原料切短:切短是为了便于装填紧实,排出空气,取用方便,便于采食且减少浪费。同时原料切短后,易使液汁渗出,湿润表面糖分流出附在原料表层,有利于乳酸菌的繁殖。玉米秸长度以2 ~3 厘米较为适宜,过长则压不实,空气过多,好氧菌大量繁殖;过短营养物易流失,影响反刍,对奶牛健康不利(主要是因为有效纤

维少，减少了反刍时间，易导致瘤胃酸中毒、真胃变位等）。

②装实压紧：装填青贮料时逐层装入，每层装 15～20 厘米厚，立即压实。装填时应特别注意四角与靠壁处，边装边压实，一直装满并高出窖口 70 厘米左右。青贮紧实度适当，发酵完成后饲料下沉不超过深度的 10%。

③密封良好：如果密封不好，进入空气或水分，则腐败菌、真菌等易繁殖，青贮料会变坏。填满（并高出 70 厘米左右）后铺上塑料布，用土覆盖拍实（国外常用废旧轮胎压在上面），厚 30～50 厘米，做成馒头形，有利于排水。青贮池密封后，为防止雨水渗入池内，距离四周约 1 米处应挖排水沟，经常检查。池顶下沉有裂缝时，及时覆土压实，防止雨水渗入。

3. 饲喂青贮饲料

饲喂青贮饲料前检查色、香、味和质地，优质青贮饲料应为黄绿色、柔软多汁、气味酸香、适口性好。玉米秸秆青贮带有很浓的酒香味。饲喂时，青贮窖只能打开一头，要采取分段开窖，尽可能减少暴露面。青贮饲料取后盖好，防止日晒、雨淋和二次发酵，避免养分流失、质量下降或发霉变质，发霉、发黏、黑色和结块的青贮饲料不能用。饲喂青贮时要由少到多，逐渐增加。停止饲喂时，也应由多到少，逐步减少，使牛有一个适应过程，避免暴食和食欲突然下降。青贮饲料的喂量,成年奶牛通常为20~30千克。如果在缺乏干草、秸秆等粗饲料的情况下,除高产奶牛外,青贮饲料可以作为唯一的粗饲料。

4.其他青贮饲料

(1)半干青贮:半干青贮是将青贮原料预先风干,水分含量降至40%~50%,使植物细胞质的渗透压达到500万~600万帕,可以抑制各种有害微生物的生长。在半干青贮条件下,虽然某些乳酸菌仍能生长和增殖,但作用已无关紧要。

(2)外加添加剂青贮:发酵促进剂主要用来促进发酵,包括乳酸菌添加剂、酶制剂和糖蜜等。发酵抑制剂主要指酸和盐,包括甲酸、乙酸、丙酸、硝酸盐、亚硝酸盐等。营养性添加剂主要用来提高青贮饲料营养价值,改善青贮饲料适口性,较常用的是非蛋白氮类物质(如尿素、氨水、各种铵盐)。

(三)秸秆加工调制技术

作物秸秆是世界上数量最多的一种农业生产副产品,一般被人们用作燃料、肥料、饲料、褥草、造纸原料、建筑材料、培养食用菌的原料及编织材料等。我国每年仍有大量的秸秆作为废物就地焚烧,烟雾弥漫,污染环境。秸秆经过加工处理后饲喂草食家畜,尤其是反刍动物,可以把秸秆所含的营养物质更有效地转化为肉、奶等畜产品,秸秆“过腹还田”,又可增加肥效,改良土壤结构,提高农业生产,变恶性循环为良性循环。

1. 实现秸秆饲料化的限制性因素

作物秸秆的总能含量与干草相似,营养价值只相当于干草的一半或谷物的1/4。影响秸秆饲料化的主要因素是秸秆的木质素含量高、蛋白质含量低,所以消化率和适口性都差,即饲用价值低。

(1)木质素含量高:秸秆是纤维性物质,粗纤维是秸秆有机物含量最高的一种成分,而木质素又占有相当的比例。所以秸秆的多糖含量尽管与牧草相近,但由于木质化程度较高,消化率却低得多。

(2)粗蛋白质含量低:一般反刍动物饲料的粗蛋白质含量应不低于8%,各种秸秆类饲料的蛋白质含量一般为3%左右,不能为瘤胃微生物的生长和繁殖提供充分的氮源,瘤胃微生物生长和繁殖受阻,秸秆有机物的消化、利用必然受到影响,故消化和利用率低。

(3)矿物质含量也不合适:秸秆的矿物质含量是比较高的,但这些矿物质中大量的是硅酸盐,不仅对家畜没有营养价值,反而对钙的吸收利用不利,容易引起钙的负平衡。如稻草的含硅量很高,硅与纤维素、半纤维素结合,是导致秸秆消化率低的又一因素。

2. 物理处理法

把秸秆切短、撕裂或粉碎、浸湿或蒸煮软化等，都是我们熟知的秸秆处理方法，早已被证明是行之有效的。近年来，秸秆压粒成型、秸秆热喷技术及秸秆揉搓机相继问世，这使传统的秸秆物理处理法有了新的内涵。

（1）切短：实践证明，如果未经切短的秸秆家畜只能采食70% ~80%，那么切短的秸秆可全部被吃尽。秸秆切短的长度要适宜，过长作用不大，过细也不利咀嚼与反刍，加工所花费的劳力也多。一般喂牛秸秆以长3 ~4 厘米为宜（马、骡 2 ~3 厘米，羊 1.5 ~2.5 厘米）。如果将切短的多种秸秆混合饲喂，则可起到营养互补作用，效果比单独饲喂要好；如果将禾本科秸秆与豆科秸秆或青贮饲料混合，再适当补充精料并添加食盐喂牛，效果会更理想。

（2）粉碎：牛所用的秸秆饲料一般不粉碎，但有一些研究证实，在肉牛日粮中适当混合一些秸秆粉，可以提高采食量。采食增加所含的能量可以补偿秸秆本身所含能量的不足，有利于奶牛的肥育。

（3）软化：有浸湿软化和蒸煮软化两种方法。用食盐水将秸秆浸湿软化，并用少量精料拌合调味，可使奶牛对秸秆类粗饲料食入量提高 1 ~2 千克。如果将秸秆浸湿软化后，与块根类饲料按 1∶2 的比例调配成混合饲料，奶牛每昼夜的食入量可达 5 千克。如果奶牛能在

100分钟内分3～5次吃完3.2千克未经加工调制的秸秆,那么,掺有少量精料的5千克软化秸秆可以分两次在88分钟内吃完。5.3千克的软化秸秆和芜菁混合料,牛在59分钟内一次就可吃完。因此,秸秆浸湿软化和拌入少量精料或块根、块茎类饲料,不仅可以增加牛的采食量,而且可明显加快采食速度。秸秆蒸煮软化,可以使适口性得到改善。加入尿素,可以将纤维素的消化率提高10%;添加玉米面,可将纤维素的消化率由43%提高到54%。这是因为瘤胃纤维素细菌的营养条件得到改善的缘故。

(4)秸秆粉碎后压制成颗粒:牛喜欢采食颗粒饲料,故将秸秆粉碎后压制成颗粒饲料,可以有效提高牛对秸秆类粗饲料的采食量。颗粒饲料直径以6～8毫米为宜。

(5)秸秆揉搓处理:用铡草机将秸秆切断后直接喂牛,吃净率只有70%,浪费很大。如果使用揉搓机将秸秆揉搓成柔软的丝条状后再喂牛,则吃净率可提高到90%以上。如果经揉搓处理后再进行氨化,不仅氨化效果好,而且可进一步提高吃净率。秸秆揉搓机的工作原理是将物料送进喂入槽,在锤片及空气流的作用下物料进入揉搓室,受到锤片、定刀、抛送叶片的综合作用,把物料切断,揉搓成丝条状,经出料口送出机外。

(6)秸秆热喷处理:饲料热喷技术是内蒙古畜牧科

学院经过7年研制成功的。原理是利用热喷效应，使饲料木质素熔化，饲料颗粒变小，消化总面积增加，达到提高家畜采食和消化吸收率以及利用高温高压杀虫、灭菌的目的。用这项技术对秸秆、秕壳、劣质蒿草、灌木、林木副产品等粗饲料进行热喷处理，可使全株采食率由0～50%提高到95%以上，消化率提高到50%，两项叠加可使全株利用率提高2～3倍。结合“氨化”对粗精饲料进行迅速的热喷处理，可将氨、尿素、氯化氨、碳酸氢铵、磷酸铵等多种工业氮源安全地用于牛、羊等反刍家畜的饲料中，使粗饲料及精饲料的粗蛋白质水平成倍提高。另外，饲料热喷技术还能对菜籽饼、棉籽饼、生大豆等含毒素的原料进行热去毒，从而使这些高蛋白饲料得到充分利用。

3. 化学处理法

物理处理粗饲料，一般只能改变粗饲料的物理性质，对于粗饲料营养价值的提高作用不大，而化学处理法则有一定的作用。用强碱如氢氧化钠，可以使多达50%的木质素水解。化学处理不仅可以提高秸秆的消化率，而且能够改进适口性，增加采食量。这也是目前研究最多，在生产中较实用的一种途径。由于动物采食氢氧化钠处理的秸秆后饮水排尿增多，钠排出量加大，会污染土壤和水质，因此，目前也很少采用氢氧化钠处理秸秆，而石灰处理和氨化处理则不会出现这些问题。

（1）石灰乳碱化法：将切短的秸秆浸入4.5%的石灰乳中3～5分钟，把秸秆捞出，经24小时即可给牛饲喂。捞出的秸秆不必用水清洗，石灰乳也可以继续使用1～2次。此法简便易行，也比较经济。

（2）生石灰碱化法：取相当于秸秆重量的3%～6%的生石灰，加适量水以使秸秆浸透，然后在潮湿状态下保持3～4昼夜。这种加工处理方法，可以使秸秆的消化率达到中等干草的水平。石灰处理秸秆，效果虽不如氢氧化钠处理得好且秸秆易发霉，但因石灰来源广、成本低，对土壤无害，钙对动物也有好处，故可以使用。饲用这类饲料时，应补充脱氟磷酸盐（如脱氟磷肥）等，使钙、磷比例保持平衡。为防止秸秆发霉，可再加入1%的氨，以抑制真菌生长。

（3）氨化处理：20世纪60年代以来，氨化秸秆在欧洲得到大规模推广应用。我国秸秆资源十分丰富，但浪费极大，利用极不合理。氨化秸秆是反刍家畜的良好粗饲料，营养价值几乎等同于优质干草。资料表明，100千克氨化秸秆的营养，相当于100千克普通秸秆与20～25千克混合精料的总和。80年代以来，我国北方许多地区农村用氨化麦秸饲喂牛，普遍反映效果良好。氨化后可使麦秸的有机物和粗纤维的消化率分别提高7.33%和9.34%

①氨化的原理：是利用氨溶于水中形成氢氧化铵，

与氢氧化钠一样对秸秆起碱化作用,不过其碱化效果稍逊于氢氧化钠。但氨本身能与秸秆中有机物产生化学作用,生成铵盐和含氨的络合物,使秸秆的粗蛋白质从3%～4%提高到8%以上,大大地提高了秸秆的营养价值。饲喂氨化秸秆奶牛所排的粪便不具碱性,不会使土壤碱化,并且由于含氮量提高肥效也有所增加,这些优点是苛性钠处理所不及的,故氨化秸秆得以在国内外反刍家畜养殖业迅速推广。

②氨化秸秆的好处:氨化秸秆具有秸秆的香味,晒干后质地较原秸秆蓬松、酥脆,故可提高适口性,增加采食量。用奶牛、黄牛等做综合测定,采食速度可提高20%,采食量提高15%～20%,能量利用转化率提高1倍以上。

饲喂氨化秸秆,可以节约大量粮食,降低饲养成本,提高养牛经济效益。如用3%氨水处理小麦秸、稻草和玉米秸后再饲喂黄牛,试验组比对照组日增重分别提高13.8%、15%和37%。据试验,用氨化秸秆喂牛,完全不喂精料,可获得250克的日增重;若每天补饲1千克棉籽饼,日增重提高到600克,料重比为1.67∶1,其转化率之高不但超过养猪,也超过肉鸡。每头育肥牛日喂8千克氨化秸秆,减少2.5千克精料,增重仍不减。

氨化秸秆有防病作用。氨是一种杀菌剂,1%的氨溶液可以杀灭普通细菌。在氨化过程中氨的浓度为

3%左右,等于对秸秆进行了一次全面消毒,消灭了病原体和寄生虫卵。此外,氨化过程中由于使粗纤维变松软,容易消化,也减少了胃肠道疾病的发生。

氨化秸秆可以缓冲瘤胃内的酸度,减少精料蛋白质在瘤胃中的降解,增加了过瘤胃蛋白质,进而提高了蛋白质的利用率,能防止瘤胃酸中毒和胃溃疡。

氨化饲料可以长期保存。开封后,若1周内不能喂完,可以把全部秸秆摊开晾晒,待其水分含量低于15%时堆垛保存,只要能保证不漏水,就不会发霉、腐烂。

③氨化秸秆制作方法。

纯氨(无水氨或液氨)法:在地面或地窖底部铺塑料膜,膜的接缝均用熨斗焊接牢固。通常秸秆垛宽2米、高(厚)2米,垛的长短依秸秆量而定。铺垫及覆盖的塑料膜四周要富余出0.7米,以便封口。给切碎(或打捆)的秸秆喷入适量水,使含水量达到15%~20%,混入堆垛。在长轴的中心埋入一根带孔的硬塑管或胶管。覆盖塑料膜,在一端留孔露出管端。覆膜与垫膜对齐折叠封口,用沙袋、泥土把折叠部分压紧密封。然后用耐压橡胶管连接纯氨运输器与垛中胶管,按冬天(8℃时)每100千克干秸秆加纯氨2千克,夏天(25℃时)加4千克的量通入纯氨,然后把管子抽出封口。夏天不少于30天,冬天不少于60天即能氨化完全。操作人员必须戴防毒面具、防碱的橡胶或塑料手套。纯氨法成本低、效果好，但需用专门的纯氨贮运设备与计量设备（可向氮肥厂租用），适用于大规模制作氨化秸秆。

尿素法或碳铵法：尿素或碳铵（碳酸氢铵）与秸秆贮存，在一定温度和湿度下能分解出氨，因此，使用尿素或碳铵处理秸秆均能获得近似氨的效果，只是成本稍高。8℃时每100千克干秸秆需尿素3千克或碳铵6千克，加水52～62千克；25℃时每100千克干秸秆需尿素5.5千克、碳铵15千克，加水52～62千克。制作时先将尿素（或碳铵）按秸秆重量称出，再称出加水量，使尿素溶于水，然后将溶液喷到切碎的秸秆上，边喷洒边拌匀。接着装入容器内压实密封，密封的要求与纯氨法相同，但氨化时间长一点，特别在气温较低时更应延长。此法简单易行，在制作时无需使用防护用具也十分安全，宜于一家一户应用，但所需成本较纯氨法和氨水法稍高一些。饲喂效果与纯氨法近似。

④氨化秸秆的使用：经过一定时间氨化的秸秆可开封使用。开封后要晾24～48小时，以使多余的氨挥发尽。若1周内不能喂完，则应把全部秸秆摊开晾晒1～2天，待其水分含量低于15%时垛好保存（最好贮于草房或草棚内），否则会逐渐发霉而造成损失。氨化秸秆只适于饲喂反刍动物，且饲喂时要由少到多，经5～7日

增大到最大量。如果日粮总粗蛋白质含量低于12%时,则氨化秸秆可以代替全部粗料。若预计日粮粗蛋白远高于12%时,则可以少喂或不喂氨化秸秆。试验证明,氨化秸秆的安全性是可靠的,是尿素拌料喂牛所不能比拟的。

良好的氨化秸秆色泽应较原秸秆深,呈黄褐色,无氨味、霉味,具有秸秆的香味;晒干后质地较原秸秆蓬松、酥脆,故可使采食速度明显提高;干物质采食量也有所改善,粗蛋白质含量应达到8%～12%;秸秆上不含未分解的尿素或碳酸氢铵。

⑤注意事项:制作氨化秸秆时容器必须密封,否则氨泄漏会影响氨化效果,严重时秸秆发霉腐败。容器密封后,经常在容器周围嗅一嗅,嗅到氨味应找出漏洞及时修补。尿素或碳铵处理秸秆最好在气温较高时进行,气温偏低会延长氨化时间。气温低于8℃时应采取保温措施,即覆盖秸秆、草垫等保温材料。开封后一时喂不完的应及早晾干贮存,以免发霉。霉坏的秸秆不能饲喂,原秸秆发霉也不可用作氨化的原料。氨水处理的秸秆,最好晾干混匀后再喂,以免非蛋白氮含量不匀,影响饲喂效果。尽管氨化秸秆饲喂安全,一般不会发生氨中毒,但在使用的头半个月,必须经常观察奶牛有无轻度氨中毒征兆,如采食量减少、前胃弛缓、反刍次数减少、精神沉郁等。氨化秸秆中缺乏胡萝卜素,应注意补充。

苜蓿干草含胡萝卜素较丰富，奶牛每百千克体重每日补充350 克苜蓿干草即可。

虽然氨化是比较成熟的技术，但提高消化率的幅度不大，明显低于用氢氧化钠处理。如尿素用量达 6% 时，秸秆消化率只提高 12%；若只用 3% 尿素处理，秸秆消化率只提高 6% ~8%；氨化秸秆在饲喂前必须挥发掉部分氨，即加入的氮源约 2/3 要损失掉，采用尿素加氢氧化钙效果较好。

(4)复合化学处理法：试验表明，添加麦秸风干重 4% 的尿素、2% 的氢氧化钙，效果最好。添加玉米秸风干重的 4% 尿素和 4% 氢氧化钙，效果最好。

4. 生物处理法(秸秆微贮技术)

秸秆微贮技术就是向农作物秸秆中加入微生物高效活性菌种，放入密封的容器中贮藏，经一定的发酵，使农作物秸秆变成带有酸、香、酒味的、草食家畜喜食的饲料。因为它是通过微生物对贮藏中的饲料进行发酵，故简称微贮饲料。

(1)微贮饲料的优点：成本低，仅为尿素氨化饲料的 20% 左右。提高了消化率和营养价值，微贮饲料含有丰富的有机酸，而且粗纤维少、适口性好，易于咀嚼；同时微贮饲料还利用牛、羊瘤胃可利用有机酸这一功能，加上所含的酶与菌素的作用，激活了牛、羊瘤胃微生物区系，提高了对精料的消化利用率。经微贮处理过的秸秆净能有较大的提高,3 千克微贮秸秆相当于 1 千克玉米的营养价值。适口性改善,未经处理的秸秆中粗纤维含量高,而且粗纤维中木质素的含量尤其高。若长期饲喂未经处理的秸秆,会导致牛、羊食欲不振、采食量减少,影响消化,造成能量和蛋白质缺乏,直接影响生长发育和繁殖。经微贮处理过的秸秆,在发酵过程中,由于高效活性菌种的作用,硬秸秆会变软,变成牛、羊喜食的酸香型,刺激食欲,从而提高了采食量。一般采食速度可提高 43%,采食量可增加 20%,而且长期饲喂无毒、无害、安全可靠,能解决部分地区畜牧业与农业争化肥的矛盾。另外,微贮饲料来源广泛,久存不坏,室外温度 10~40℃均可处理发酵,北方春、夏、秋三季均可制作,南方部分省(区)全年都可制作。

(2)制作方法:

①菌种的复活:秸秆发酵活干菌每 3 克(1 袋)可处理麦秸、稻秸、干玉米秸 1 吨或青饲料 2 吨。处理前先将铝箔袋剪开,将菌种倒入 250 毫升水中,充分溶解。在水中加白糖 2 克,溶解后再加入活干菌,这样可以提高复活率,保证微贮饲料质量。然后在常温下放置 1~2 小时使菌种复活,成为复活好的菌剂。配制好的菌剂一定要当天用完。

②菌液的配制:将菌剂倒入 0.8%~1.0% 的食盐水中拌匀(表 1)。

表1　　　食盐水和菌液用量　　　（单位:千克）

秸秆种类	秸秆重	活干菌用量(克)	食盐	水用量	贮料含水量
麦草、稻草	1 000	3	9～12	1 200～1 400	60～65
干玉米秸	1 000	3	6～8	800～1 000	60～65
青玉米秸	1 000	1.5	适量	适量	60～65

③装填:将秸秆铡成3～5厘米长,装入池中(若是砖窖或土窖,应在四周及底部衬铺塑料布,以确保密封性),20～25厘米为一层,均匀地喷洒菌液。压实后再铺20～25厘米秸秆,喷洒菌液压实,直至高出窖口40厘米再封口。如果当天装填窖没装满,可盖上塑料薄膜,第二天装窖时揭开塑料薄膜继续装填。

④封窖:分层压实至高出窖口40厘米,再充分压实后,撒上少量食盐粉,再压实后盖塑料布。食盐用量为每平方米50克,目的是确保微贮饲料上部不霉烂变质。盖上塑料布后,撒上20～30厘米厚的稻、麦秸,覆土15～20厘米,密封。

⑤开窖:一般要在窖内贮藏30天后才能开窖取用,从一角开始,从上到下逐段取用,每次取用量应以当天喂完为宜。每次取完后,要用塑料布将窖口封严,以免水浸入引起变质。

⑥微贮饲料质量的识别:看,优质微贮青玉米秸呈

橄榄绿色，稻麦秸呈金黄褐色。如果变成褐色或墨绿色，则质量低劣。嗅，微贮饲料以具有一种带醇香和果香气味并具弱酸味为佳。若为强酸味，表明醋酸较多，这是由于水分过多和高温发酵所造成的。若带有腐臭的丁酸味、发霉味，则不能饲喂。手触摸，优质的微贮饲料拿到手里感到很松散，而且质地柔软湿润。与此相反，拿到手里发黏，或者粘在一块，说明质量不佳，有的虽然松散，但干燥粗硬，也属不良。

（3）饲喂：微贮饲料可以作为牛的主要粗饲料。日饲喂量可根据牛每昼夜能采食的饲料干物质量进行换算，饲喂时要与其他精料混合饲喂。开始饲喂时，牛对微贮饲料有一个适应过程，喂量要由少到多，逐渐增加微贮料的饲喂量，不要操之过急。一般奶牛每头日喂量为 15～20 千克。

另外，利用食用菌的生长繁殖来分解农作物秸秆中的粗纤维，食用菌的菌丝体及经酶分解后的秸秆（称为菌糠）一并用作饲料，具有质地松软、气味芳香、适口性好、饲用价值高等特点。

（四）玉米加工调制技术

在奶牛的能量饲料中，用量最大的是玉米。

1. 粉碎

干处理方法是将风干谷物经破碎、磨碎或碾压处理，破坏种皮，降低颗粒粒度和增加颗粒表面积。我国主要是利用粉状玉米，但对粉碎的细度没有标准，普遍认为玉米籽粒粉碎越细牛的消化率越高，其实这是一种误解。玉米磨碎的粗细度不仅影响牛的采食量和生产性能，也影响玉米本身的利用率及奶牛饲养的成本。同是一种玉米，由于饲料粗细不同，饲喂青年牛后的效果有较大差异。目前我国奶牛饲养，玉米粉碎的细度（直径）为2毫米，过细适口性会降低，还会造成采食量下降、饲料利用率降低和生产性能下降。

2. 蒸汽压片处理

蒸汽压片处理的温度100～105℃，含水量20%～22%，厚度以0.79～1毫米为宜。经过蒸汽压片处理，玉米所含的淀粉受高温高压的作用而发生糊化，玉米淀粉糊化形成糊精和糖，使玉米具有芳香味，提高了适口性。玉米淀粉糊化作用，使淀粉的颗粒结构发生变化，消化过程中酶更易发生反应，玉米饲料转化率会提高7%～10%。淀粉的颗粒结构发生变化，消化部位后移到小肠，减少了瘤胃发酵的甲烷损失，淀粉转化率提高42%。玉米淀粉糊化作用，减少了瘤胃酸中毒的发病率。

3. 煮玉米和烫玉米

蒸汽压片玉米的效果尽管很好，但需要专用的加工设备，成本较高，不太适合我国的实际情况。

（1）煮玉米：玉米粉平均粒度为 1.4 毫米。加入到沸腾的水中，水与玉米重量比为 6∶1～8∶1，搅拌、煮沸 15 分钟。取出后放置 6～10 小时，降为室温后饲喂。将饲料中玉米粉的 1/3～1/2 进行处理，不是全部。

（2）烫玉米：玉米经粉碎平均粒度为 1.4 毫米。将沸水加入到玉米粉中，水与玉米重量比为（4～5）∶1。搅拌均匀，放置 6～10 小时，降为室温后饲喂。将饲料中玉米粉的 2/1～2/3 进行处理，全部处理的效果并不佳。

烫玉米羹简单易行，改变了玉米的淀粉结构，使其糊精化，消化利用率得以提高。

（五）糟渣类饲料

1. 啤酒糟

鲜啤酒糟的水分含量在 75% 以上。干啤酒糟的粗蛋白含量为24%，粗脂肪为8%，无氮浸出物为40%，粗纤维为 14%，粗灰分为 4%，产奶净能为 5.82兆焦/千克。若饲喂干啤酒糟，在奶牛日粮中可以取代1/3 的精料补充料，此时，蛋白和能量都不会明显变化，效果与棉籽饼相近。若用鲜啤酒糟饲喂奶牛，用量控制在 15 千克/头・天以内，效果较好，要额外添加 100～200 克碳酸氢钠。不要用干啤酒糟代替犊牛日粮中的豆饼；不要将鲜啤酒糟在牛舍内长期放置，以免染上不良气味。

2. 苹果渣

据测定,鲜苹果渣水分含量在75% ~87%,干苹果渣干物质含量为89.02%,粗蛋白为4.22%,粗纤维为13.07%,粗脂肪为4.38%,无氮浸出物为65.07%。据河南农业大学试验,试验1组用苹果渣与苜蓿草粉各占25%、玉米占46%、预混料占4%组成的配合饲料,替代3千克精料补充料;试验2组用含苹果渣50%、玉米占46%、预混料占4%组成的配合饲料,替代3千克精料饲喂奶牛;对照组用常规精料补充料饲喂,其他饲料和饲养条件一致,试验期60天。试验1组和试验2组奶牛粗饲料采食量分别比对照组高3.18千克、3.43千克,增奶效果显著,乳成分的变化不明显,并且可提高奶牛的抗应激力,减缓应激造成的产奶量下降,提高经济效益。

3. 豆腐渣

据测定,鲜豆腐渣干物质含量为17.12%,干豆腐渣中含30%左右的粗蛋白,具有作奶牛精饲料的潜力。用干豆腐渣替代1/2的豆粕,产奶量、乳脂率等均无显著差异,而精料成本显著下降。

五、奶牛的消化特性与产奶能力

(一)奶牛的消化特点

1.采食

(1)采食特点:奶牛的采食速度快,咀嚼很不充分,只是将食物与唾液混合成大小和密度适宜的食团后便匆匆咽下。经过一段时间后,再将粗糙的食物逆呕回口腔重新咀嚼,即反刍。喂给整个块根、块茎类饲料时,常会发生食道梗阻现象(整个的块根、块茎卡在食道内),危及牛的生命。如果草料中混入铁丝等异物时,就会进到胃内。当牛反刍时,胃壁会强烈收缩,挤压停留在网胃前部的尖锐异物刺破胃壁,造成创伤性网胃炎。有时还会刺伤横膈、心包、心脏等,引起发炎。即使在备草料时特别注意,也避免不了铁物进入牛胃中,牛胃内几乎都有铁。以往取出胃中铁物是采用磁棒,但不安全,易造成损伤。磁笼,又叫高效牛胃取铁器,安全、可靠,值得在养牛业中推广应用。

牛喜欢吃青绿饲料、精料和多汁饲料，其次是优质青干草，再次是低水分青贮料，最不爱吃未经加工处理的秸秆类粗饲料。牛爱吃1厘米^{3}的颗粒料，最不爱吃粉状饲料。因此，枯草期以秸秆为主喂牛时，应把秸秆尽可能铡得短一些并拌入精料等，或把秸秆粉碎后用颗粒饲料机压成颗粒料饲喂，以增大采食量。虽然牛通过训练可消耗大量含有酸性成分的饲料，但仍喜食甜、咸味的饲料。

牛爱吃新鲜饲料，若饲料在饲槽中被牛拱食较长时间，就会粘上鼻唇镜分泌的黏液，牛不爱吃。因而，在添草时应注意"少添、勤添"，下槽后要清扫饲槽，将剩草晾干后再喂。

牛没有上门齿，不会啃吃太矮的牧草，所以当野草长度未超过5厘米时，不要放牧，否则牛难以吃饱，并会因"跑青"而过分消耗体力，甚至体重下降。牛有竞食性，即在自由采食时互相抢食，可利用牛的这个特点，增加对劣质饲料的采食量；但在放牧时，则由于抢食而行进过快，会将牧草践踏造成浪费。

（2）采食时间：据报道，在自由采食情况下，牛全天采食时间为6～8小时，放牧的牛比舍饲的牛采食时间长。高产奶牛的采食时间明显长于低产奶牛。如果饲料粗糙或为长草、秸秆类饲料时，则采食时间长；若饲料幼嫩，则采食时间短。在放牧情况下，草高 30～45 厘米时奶牛采食最快，所需时间最短。气候变化能影响牛采食时间，随着气温的升高，白天的采食时间缩短。天气晴朗时，白天采食时间相对比阴雨天少；阴雨天到来的前夕，采食时间延长；天气过冷时，采食时间也会延长。因此，饲养与放牧的日程要根据天气情况来安排，夏天气温高时应以夜饲（牧）为主，冬天则宜舍饲。日粮质量较差时，则应延长饲喂时间。

（3）采食量：牛的采食量随体重而减少。例如，犊牛 2 月龄时干物质日采食量为其体重的 3.2%～3.4%，6 月龄时约为体重的 3.0%。又如肥育周岁牛体重 250 千克时，干物质采食量为其体重的 2.8%，500 千克体重时则为 2.3%，膘情好的牛相对采食量低于膘情差的牛。牛对切短的干草比长草采食量大，对草粉采食量最少，把草粉制成颗粒饲料后采食量可增加 50%。日粮中营养不全时，牛的采食量减少，若在日粮中逐渐增加精料，牛的采食量会随之增大。但精料量占日粮的 30% 以上时，对干物质的采食量不再增加；精料占日粮的 70% 以上时，则采食量随之下降。日粮脂肪含量超过 6% 时，瘤胃对粗纤维的消化率下降，超过 12% 时食欲受到抑制，采食量减少。饲草的 pH 值过低时（如青贮饲料水分过大），会降低牛的采食量。环境安静、群饲、自由采食、粗饲料的加工调制及适当延长采食时间等，均可增加牛的采食量。同采食时间随温度变化一样，采食量亦随环境温度而变化。从10℃逐渐降低时，牛对干物质的采食量增加5%～10%；超过27℃时，牛的食欲下降，对于物质的采食量随之减少。

2. 反刍

反刍是牛消化食物的一个重要过程，是由一系列连续的反射性步骤组成，主要包括食糜由瘤胃至网胃的逆呕，逆呕出食糜再咀嚼，再混合唾液吞咽。反刍活动开始到暂停，进入间歇期，即完成一次“反刍周期”。间歇一定时间之后再开始一次新的反刍周期。反刍周期发生和停止的原因，主要与前胃食糜的性状与运转情况直接相关。

奶牛处于安静环境时，反刍在饲喂结束后20～30分钟出现。如饲喂后立即驱赶牛群或清扫粪便等外界干扰因素存在时，反刍就延迟，即食后较长时间才能出现反刍。假如奶牛正在反刍时突然受到惊扰，则反刍会立即停止，转为闲散活动或采食，不能立即转入反刍，需经约30分钟才可以，这就影响了食物消化。当牛患病、劳累过度、饮水量不足或饲料品质不良时，也会抑制反刍，甚至反刍发生异常。

3. 微生物消化和瘤胃发酵

牛消化的最大特点是微生物消化和瘤胃发酵，

75%～80%的干物质和50%以上的粗纤维是在瘤胃内消化，而起主导作用的是微生物。

（1）碳水化合物的发酵：纤维素、半纤维素、果胶、淀粉、双糖及单糖等碳水化合物饲料经过微生物发酵，最终变成挥发性脂肪酸。除碳水化合物外，蛋白质亦可形成挥发性脂肪酸，至少在高蛋白日粮条件下形成的数量是颇为可观的。挥发性脂肪酸是反刍动物最大的能源，所提供的能量约占机体所需能量的2/3。

（2）蛋白质的发酵：进入瘤胃的饲料蛋白质，有60%被微生物的蛋白酶和肽酶分解成肽和氨基酸。当瘤胃 pH 为5～7.0时，形成的氨基酸迅速进一步降解。由此，瘤胃液中很少有游离氨基酸的存在。饲料蛋白质进入瘤胃内，降解性蛋白质被分解为氨，氨可被瘤胃细菌合成菌体蛋白质。非降解性蛋白质不变化，而越过瘤胃，到皱胃和小肠中消化，因此也可称为过瘤胃蛋白。由上述可见，瘤胃内既有蛋白质的分解，又有蛋白质的合成，这就是瘤胃内蛋白质的发酵。据测定，饲料蛋白质如果避开瘤胃发酵，直接进入真胃及小肠，蛋白质利用率可达85%；通过转变为菌体蛋白，再经肠道消化吸收，利用率会下降到50%左右。为了提高反刍动物蛋白质饲料利用效率，改善反刍动物蛋白质营养，必须设法降低优质蛋白质饲料和合成氨基酸在瘤胃中的降解度，即保护蛋白质越过瘤胃。

即在不影响过瘤胃蛋白(UCP)在瘤胃后的消化率和瘤胃微生物蛋白质(MCP)合成量的前提下,使饲料蛋白质在瘤胃中的降解率尽可能的小。

(3)脂肪降解和利用:牛采食的饲料中,脂肪含量变化很大。饲料的脂肪在瘤胃内,经细菌脂肪分解酶的分解而形成长链脂肪酸、半乳糖和甘油,后两种发酵产物进一步降解为挥发性脂肪酸。长链脂肪酸大部分是不饱和脂肪酸,在瘤胃内经微生物的氢化作用变成了长链饱和脂肪酸,然后在小肠内被吸收,随血液运送到体组织,合成体脂肪储存于脂肪组织中。甘油中一部分经微生物作用变成丙酸,而被瘤胃壁和小肠吸收,另一部分经瘤胃上皮进入血液。

(4)某些维生素的合成:瘤胃微生物合成 B 族维生素及维生素 K,成年牛长期喂以不含 B 族维生素的日粮也不会缺乏。维生素 C 牛本身也能合成,无需从饲料中供应。所以,需要通过饲料供给的维生素只有 A、D、E 3 种。但最近的研究表明,随着奶牛产奶量提高,日粮中精料比例的增加,饲料加工过程中维生素的破坏,在日粮中添加某些水溶性维生素,对提高奶牛的生产性能,改善牛乳的品质,增强免疫机能和繁殖功能,减少疾病的发生有显著作用,如硫胺素(维生素 B_1)、烟酸(维生素 B_5)、维生素 B_{12} 和维生素 C 等。B 族维生素中报道较多的是烟酸,可促进微生物蛋白质的合成,降低甲烷的产量,防止饲料蛋白质在瘤胃中降解。对于高产奶牛,在产前1周至产后1周每日每头添加6~8克烟酸,产奶量显著增加。对患酮血病奶牛可每日添加12克烟酸,有一定防治效果。增加维生素C,可改善繁殖性能和缓解奶牛热应激。

综上所述,瘤胃微生物可分解碳水化合物,产生挥发性脂肪酸;作为机体能量来源和合成乳脂肪、乳糖的原料,分解蛋白质产生氨基酸、氨,分解非蛋白质含氮物产生氨等,并利用它们来合成微生物蛋白质,最后被畜体利用。瘤胃微生物还有降解脂肪、氢化不饱和脂肪酸、合成部分维生素等作用,但必须满足其正常生长繁殖所需的条件及合成某些物质所需要的原料。如当日粮缺钴时,瘤胃微生物不能完全合成维生素B_{12},还会影响含氮物质的利用;日粮缺硫时,影响瘤胃细菌合成含硫氨基酸(如蛋氨酸、胱氨酸等)。微生物正常生长繁殖所需的条件(如能量、碳源、瘤胃内温度、pH值等)都要满足。日粮的类型不同,所含营养物种类和比例不同,各种类型微生物的比例也就不同,即一种类型的日粮对应着一定种类的微生物区系。因此,改变日粮时必须逐步过渡,否则,会因日粮类型与微生物区系不统一而招致严重的消化紊乱。

4. 唾液在牛消化代谢中的特殊作用

唾液主要有湿润饲料、缓冲、杀菌和保护口腔等作用。腮腺一天可分泌含0.7%的碳酸氢钠唾液约50升,即分泌碳酸氢钠300~350克,高产奶牛能分泌唾液250升。大量的缓冲物质可中和瘤胃发酵中产生的有机酸,以维持瘤胃内的酸碱平衡。牛的唾液分泌受饲料影响较大,喂干草时腮腺分泌量大;喂燕麦时,腮腺与颌下腺分泌量相似;饮水能大幅度降低唾液分泌。因为瘤胃pH取决于唾液分泌量,唾液分泌量取决于反刍时间,而反刍时间又决定于饲料组成,喂粗料反刍时间长,喂精料则反刍时间短。牛喂高粗料日粮,反刍时间长,唾液分泌多,瘤胃内pH高,属乙酸型发酵;若喂高精料(淀粉),反刍时间短,唾液分泌少,瘤胃pH低,属丙酸型发酵,以至乳酸型发酵。唾液对于减轻某些日粮产生泡沫,采食时增加唾液分泌量,有助于预防瘤胃膨胀。瘤胃pH为5.0~7.5,低于6.3对纤维素消化不利。由上述可见,牛的唾液在瘤胃消化代谢中具有重要的特殊作用。

(二)奶牛的产奶能力及其评定方法

1.牛奶的营养特性

牛奶含有120多种人体生长和保持健康所必需的营养素,不仅能提供优质蛋白质和全部维生素,而且是钙、磷的最好来源。每100克牛奶中含钙量达120毫克,是大米和白面的4倍,猪、牛、羊肉的12倍,禽肉的8

倍，禽蛋的2倍，鱼类的2~6倍；牛奶的钙磷比例为1.4:1，宜于人体吸收，是最理想的营养钙源。牛奶具有很高的营养价值，被誉为“食物之王”。各种牛奶的营养成分主要是蛋白质、脂肪、乳糖、矿物质、维生素和水分，但不同种类、不同品种及不同个体牛的产奶量差别很大，牛奶成分也不同。

2. 影响产奶性能的因素

影响牛产奶能力的有遗传因素、环境因素和生理因素。牛产奶量的高低受其遗传基础即泌乳潜力的制约，这是创造高产乳牛的前提，而泌乳潜力的充分发挥则依赖于好的饲养管理。当牛群的产奶量达到较高水平后，再想提高只有靠育种工作（即品种改良）了。因此，二者必须有机结合，即俗话所说的“好种好养”，才能达到高产、稳产。

（1）遗传因素：家牛中的乳用品种荷斯坦牛最高，一个泌乳期平均可产奶6 000千克左右，而牦牛只产215~480千克，这是牛种的差异；乳脂率方面则以娟姗牛为最高，各品种奶牛乳组成差异最大的是脂肪，其次是蛋白质和非脂固体物，而矿物质和乳糖的差异最小；奶牛个体间的差异也很大，超过品种间的差异。如荷斯坦牛乳脂率的变化范围为2.6%~6.0%，而产奶量为4 000~20 000千克。

（2）饲料与饲养管理：饲料条件对提高乳牛的产奶

量和乳脂率等起着决定性作用。

(3)产犊季节和外界温度:乳牛耐寒不耐热,夏季对高温、高湿,冬季对寒风特别敏感。据研究,荷斯坦乳牛的最适温度为10～15℃,变化范围为5～21℃,生产环境上限是27℃,下限是13℃。若超出适温范围,会导致荷斯坦牛产奶量明显下降。空气相对湿度以50%～70%为宜,夏季湿度超过75%产奶量明显下降。冬季风力达到5级以上,产奶量下降明显。在我国目前条件下,母牛最适宜的产犊季节在冬、春季。夏季饲料条件虽好,但气温太高,对乳牛生产能力有不利影响。夏季气温超过27℃常见,北方冬季气温低于-13℃的情况也不鲜见,但牛舍只要门窗关闭好,无贼风,也无太大问题。因此,夏季的产奶量往往低于其他季节,主要是高温降低了乳牛的采食量和饲料转化率。要想提高夏季乳牛产奶量,就要改善饲养条件,弥补高温对消化活动产生的不利影响。主要措施是减少粗纤维含量高的粗饲料,增加产生高效率热能的碳水化合物饲料和蛋白质饲料的比例;搞好夏季的防暑降温工作。

(4)运动、刷拭与护蹄:在舍饲期,每天乳牛都要进行适当运动,不仅能增强体质,而且能提高产乳量和乳脂率。经常刷拭牛体,可促进皮肤呼吸和血液循环,保持牛体清洁,防止体表寄生虫滋生,有利于牛的健康和产奶量的提高。乳牛场还要坚持定期修蹄,保持正常蹄形。变形蹄初期容易被人忽视,一旦发展到严重变形,肢势异常或出现跛行,产奶量就会突然下降。有的奶牛甚至不能站立与运动,食欲减退,日渐消瘦,致使生产性能低下,只好被迫淘汰。蹄腿是影响生产寿命的部位之一,变形蹄会最终缩短牛的寿命。每年削蹄 1~2 次,就可使牛群基本保持正常的蹄形。

(5)年龄和胎次:随着年龄和胎次的增加,乳牛产奶能力会发生规律性变化。一般 2 岁产犊的头胎母牛,泌乳量约为成年牛的 70%。以后每年产一犊牛,到第二胎时泌乳量为 80%,第三胎时为 90%,第四胎时为 95%,第五胎时为成年产量。荷斯坦牛最高产奶量出现在第五胎时期,在此之前,产奶量逐胎次呈上升趋势。第五胎后,产奶量逐胎次呈下降趋势。牛乳成分有随着年龄和胎次的增长而降低的趋向。

(6)初产年龄与产犊间隔:母牛初次产犊年龄,对头胎和终生产乳量有一定影响。一般育成母牛体重达成年母牛体重的 70% 时,14~16 月龄配种,23~25 月龄首次产犊为宜。如此安排,不但不会影响牛体的正常生长发育,而且对产奶量和繁殖力有利,能增加终生产奶量。乳牛最理想是一年泌乳 10 个月,干乳 2 个月,产犊间隔为 12~13 个月。据研究,产犊间隔短的奶牛往往生产潜力大,可获得高产奶量。据资料表明,产犊间隔由12个月延长到14个月,则平均产奶量由6 864千克下降到6 124千克。经产母牛一般产后60天就要抓紧配种,争取3个月内怀孕。乳牛产后60天,特别是76～85天配种受胎率最高,超过90天则明显下降。

(7)泌乳期内不同阶段:乳牛泌乳期内产乳量呈规律性变化,一般母牛分娩后产乳量逐渐上升。低产牛在产后20～30天,高产牛在产后40～50天产乳量达到高峰。高峰期可维持30～60天,高产牛的高峰维持时间长,中、低产牛则维持时间短。高峰过后产奶量开始下降,高产牛每月下降5%～7%,低产牛每月下降8%～10%。最初几个月下降幅度较小,到泌乳末期(妊娠5个月以后)由于胎儿的迅速生长,胎盘激素和黄体激素分泌加强,会抑制脑垂体分泌促乳素,产奶量下降幅度较大。乳脂肪含量与产奶量的变化相反。随泌乳期的进展乳蛋白含量逐渐增加,乳糖和矿物质比较稳定,到泌乳末期乳中氯含量显著增加。

(8)干乳期的长短:为了使乳腺组织获得一定的休息时间,母牛体内贮存必要的营养物质,提高下一胎产奶量和使胎儿更好生长,必须让母牛在分娩前有2个月左右的干奶期。

(9)挤奶次数和挤奶技术:正确的挤奶技术和乳

房按摩是提高乳牛产奶量的重要条件之一,合理安排挤奶次数,可大大提高产奶量和奶的质量。据研究,每天挤奶 3 次,比挤奶 2 次增加产奶量 10% ~20%,挤 4 次比挤 3 次又可提高 5% ~15%。据试验,以挤奶间隔 12 小时为基准,每超过 1 小时乳脂率降低 0.10% ~0.15%;反之,每缩短 1 小时,乳脂率提高 0.20% ~0.25%。蛋白含量亦有类似现象,但不如乳脂率明显。是不是挤奶次数越多,间隔越短就是越好呢?实际并非如此,因为次数增多,会减少母牛的休息时间,而且次数多,奶较难挤(挤奶时的房内压较低)。挤奶次数由多改为少对高产乳牛的影响较大,而对低产牛的影响则较小。合理安排挤奶次数:一昼夜产乳量在 15 千克以下者,可采用二次挤奶制,15 ~30 千克每天挤 3 次,30 千克以上挤 4 次;同样情况下的初产母牛则要多挤一次,这是因为初产母牛乳房仍处于生长发育阶段,容量较小,故增加一次挤奶。另外,也是为了增加乳房的按摩刺激,促进乳房进一步生长发育。挤奶前,用 45 ~50℃ 的温水擦洗乳房,能引起血管反射性扩张,使乳房血流量增加。擦洗与按摩乳房,都能促使垂体后叶增加催产素的释放量。乳房血流量增加,血液中催产素含量增高。二者结合,就会使奶牛产生强烈的排乳反射,再加以熟练的挤奶技术,便会取得较高的产奶量。试验表明,充分擦洗按摩乳房,不仅可使产奶量提高 10% ~20%,而且乳脂率提高 0.2% ~0.4%。这是因为如果挤奶前不按摩乳房,乳腺泡的乳只有 10% ~25% 进入乳池,经充分按摩进入乳池中的腺泡乳可达 70% ~90%;乳池乳的乳脂率仅为 0.8% ~1.2%,输乳管中乳的乳脂率为 1.0% ~1.8%,而腺泡中乳的乳脂率高达 10% ~12%。

(10)体形大小:同一品种、同一年龄的乳牛,体形大者消化器官容积大,采食量多、产奶量较高。在相同日粮营养浓度下,体重较大的泌乳牛除满足维持需要外,有较多的能量用于泌乳,可获得较多的产奶量。如 400 千克的泌乳牛,在采食秸秆、中等质量粗饲料和 60% 精饲料日粮时,产奶量分别为 0.5 千克、3.0 千克和 21 千克,600 千克的泌乳牛则为 2.5 千克、7.0 千克和 34 千克。一般乳牛体重为 600 ~700 千克时产奶量相对较高。在计算体形与产奶量的关系时,通常每 100 千克体重产奶量应达到 1 000 千克。在乳牛育种工作中,把体形的大小作为重要指标。在不同的自然条件下,任何品种的乳牛都有一个理想体重。

(11)疾病:乳牛患乳房炎、酮病、乳热症和消化道疾病时,泌乳量显著下降,乳成分和品质亦发生变化。例如,乳牛患急性乳房炎时,奶中干物质、乳脂肪、乳糖含量显著下降,而蛋白质和矿物质则明显增加,奶呈碱性，有咸味。乳牛患布鲁杆菌病、结核病、口蹄疫均可降低产奶量，导致牛乳品质下降。

此外，严格遵守操作规程，如定时、定位、定人员，认真擦洗按摩乳房，工作时间不准大声喧哗等，均有利于乳的分泌与排出；反之，会减低产奶量。音乐对产奶量的影响不同于喧哗和噪音。据报道，在每幢100头牛的双列对尾式牛舍安装3个10瓦的音响，音量控制在40～50分贝，主要播放轻音乐、歌曲和交响乐，通过与对照组比较，平均日产奶量提高了3.3%。因为音乐刺激了奶牛的泌乳神经中枢，增强了乳腺分泌上皮细胞的活动。看来，"对牛弹琴"有时是有用的，而且简单易行。

3. *产奶性能评定方法*

（1）个体产奶量的计算：

① 305天产奶量：自产犊后第一天开始到305天的总产奶量。不足305天者按实际产奶量，超过305天者超出部分不计算在内。

② 305天校正产奶量：根据实际产奶量并经过系数校正（即实际产奶量×校正系数）以后的产奶量，作种公牛后裔测定比较时使用。各乳用品种可根据母牛泌乳水平拟订出校正系数，作为换算的统一标准。北方地区荷斯坦牛305天校正产奶量的校正系数如表2和表3所示。

表2　泌乳期不足305天产奶量的校正系数

实际泌乳天数	240	250	260	270	280	290	300	305
第一胎	1.182	1.148	1.116	1.076	1.055	1.011	1.0	1.0
第二至五胎	1.165	1.133	1.103	1.077	1.052	1.031	1.011	1.0
六胎以上	1.155	1.123	1.094	1.070	1.047	1.025	1.009	1.0

表3　泌乳期超过305天产奶量的校正系数

实际泌乳天数	305	310	320	330	340	350	360	370
第一胎	1.0	0.987	0.965	0.947	0.924	0.911	0.895	0.861
第二至五胎	1.0	0.988	0.970	0.952	0.936	0.925	0.911	0.904
六胎以上	1.0	0.988	0.970	0.956	0.939	0.928	0.916	0.903

注:产奶265天者,可使用260天的系数;266天者可使用270天的系数进行校正,其余类推。

全泌乳期实际产奶量:是指产犊后第一天开始到干乳为止的累计乳量。

年度产乳量:是指1月1日至12月31日为止的全

年产乳量，包括干乳阶段。

(2)全群产乳量的统计方法：

成年牛全年平均产奶量 = 全群全年总产奶量(千克) ÷ 全年平均日饲养成母牛头数

泌乳牛全年平均产奶量 = 全群全年总产奶量(千克) ÷ 全年平均日饲养泌乳牛头数

式中：全群全年总产奶量是从每年 1 月 1 日开始，到 12 月 31 日止全群牛产奶的总量；全年平均日饲养成母牛头数是指全年每天饲养的成母牛头数(包括泌乳、干乳或不孕的成年母牛)的总和除以 365(闰年 366)；全年平均日饲养泌乳牛头数是指全年每天饲养的泌乳牛头数的总和除以 365。

(3)乳脂率及乳脂量的计算：常规的乳脂率测定法是在全泌乳期的 10 个泌乳月内，每月测定一次，将各月乳脂率分别乘以各月的实际产奶量，把所得的乘积类加起来除以总产奶量，即得平均乳脂率。为了简化程续，可在全泌乳期中的第二、第五、第八泌乳月内各测一次，而后应用上列公式计算平均乳脂率。

全泌乳期总乳脂量 = 全泌乳期总产奶量 × 平均乳脂率

(4)4% 标准乳的换算：不同个体所产乳的乳脂率高低不一。为了评定不同个体间产奶性能的优劣，将不同的乳脂率都校正为 4% 的标准乳。

$$F.C.M = M \times (0.4 + 15F)$$

式中:F.C.M 为含脂 4% 的标准乳;M 为乳脂率为 F 的乳量;F 为乳脂率。

(5)排乳性能:

①排乳速度:排乳速度与年龄、胎次、品种、个体、乳头管径、乳头形态及括约肌强弱有关。最高流速是排乳速度中最有价值的单项测定。最高流速与全期产奶量呈高度正相关,但最高流速测定困难,可以测定最初 2 分钟奶量占该次挤奶总量的百分率,对最高流速进行间接选择。采用特殊设备测定流速是最理想的,若无此设备,用普通挤奶机测最初 2 分钟奶量,占该次挤奶总量的百分率也可,但不能采用人工挤奶来测定排乳速度。产后 15 ~ 45 天、135 ~ 165 天、255 ~ 285 天各测定一次排乳量。每天挤 3 次者,以中午挤奶时测定为准,连续两天,取其平均数。

②前乳房指数:前乳房指数 =(前乳房奶量/总奶量)×100%。一般初胎母牛前乳房指数比二胎以上的成年牛大,与品种个体也有关。如德国荷斯坦牛初胎为 44%,二胎以上为 43%;西门塔尔牛初胎为 44.1%,二胎以上为 42.6%;丹麦娟姗牛 46.8%;瑞士荷斯坦牛为 39.1%。理想的前乳房指数应为 45% 以上。据研究,前乳房指数一生中二胎以上相当稳定,而且前乳房指数遗传力高,为 0.76 ±0.12,所以选择前乳房指数来改进

乳房均匀程度效果较好,眼观选择的效果差。

(6)饲料转化率:衡量的指标是每千克饲料干物质可生产出的牛奶千克数。尽管饲料转化率的遗传力为0.5左右,选择易奏效,但没有必要对饲料转化率直接进行选择。因为该性状与产奶量之间存在很高的遗传相关,对产奶量直接进行选择,饲料转化率也会相应提高,可达到直接选择效果的70%~95%。

六、奶牛的营养需要

奶牛的营养需要如表4～表7所示。

表4　　成年母牛维持的营养需要

体　重（千克）	日粮干物质（千克）	奶牛能量单位（NND）	可消化粗蛋白（克）	小肠可消化粗蛋白（克）	钙（克）	磷（克）	胡萝卜素（毫克）	维生素A（国际单位）
350	5.02	9.17	243	202	21	16	37	15 000
400	5.55	10.13	268	224	24	18	42	17 000
450	6.06	11.07	293	244	27	20	48	19 000
500	6.56	11.97	317	264	30	22	53	21 000
550	7.04	12.88	341	284	33	25	58	23 000
600	7.52	13.73	364	303	36	27	64	26 000
650	7.98	14.59	386	322	39	30	69	28 000
700	8.44	15.43	408	340	42	32	74	30 000

（续表）

体 重（千克）	日粮干物质（千克）	奶牛能量单位（NND）	可消化粗蛋白（克）	小肠可消化粗蛋白（克）	钙（克）	磷（克）	胡萝卜素（毫克）	维生素A（国际单位）
750	8.89	16.24	430	358	45	34	79	32 000

注:1. 对第一泌乳期的维持需要按表4基础增加20%,第二个泌乳期增加10%。

2. 如第一个泌乳期的年龄和体重过小,应按生长牛的需要计算实际增重的营养需要。

3. 放牧运动时,须在表4基础上增加能量需要量,按正文中的说明计算。

4. 在环境温度低的情况下,维持能量消耗增加,须在上表基础上增加能量需要量,按正文中说明计算。

5. 泌乳期间,每增重1千克体重需增加8个NND和325克可消化粗蛋白;每减重1千克体重需扣除6.56个NND和250克可消化粗蛋白。

表5　每产1千克奶的营养需要

乳脂率(%)	日粮干物质(千克)	奶牛能量单位(NND)	产奶净能（兆焦）	可消化粗蛋白(克)	小肠可消化粗蛋白(克)	钙（克）	磷（克）
2.5	0.31~0.35	0.80	2.51	49	42	3.6	2.4
3.0	0.34~0.38	0.87	2.72	51	44	3.9	2.6
3.5	0.37~0.41	0.93	2.93	53	46	4.2	2.8
4.0	0.40~0.45	1.00	3.14	55	47	4.5	3.0
4.5	0.43~0.49	1.06	3.35	57	49	4.8	3.2
5.0	0.46~0.52	1.13	3.52	59	51	5.1	3.4
5.5	0.49~0.55	1.19	3.72	61	53		5.4

注:乳蛋白率=2.36%+0.24×乳脂率(%)。

表6　母牛妊娠最后4个月的营养需要

体重(千克)	怀孕月份	日粮干物质(千克)	奶牛能量单位(NND)	产奶净能(兆焦)	可消化粗蛋白(克)	小肠可消化粗蛋白(克)	钙(克)	磷(克)	胡萝卜素(毫克)	维生素A(千单位)
350	6	5.78	10.51	32.97	293	245	27	18	67	27
	7	6.58	11.44	35.90	327	275	31	20		
	8	7.23	13.17	41.34	375	317	37	22		
	9	8.70	15.84	49.54	437	370	45	25		
400	6	6.30	11.47	35.99	318	267	30	20	76	30
	7	6.81	12.40	38.92	352	297	34	22		
	8	7.76	14.13	44.36	400	339	40	24		
	9	9.22	16.80	52.72	462	392	48	27		
450	6	6.81	12.40	38.92	343	287	33	22	86	34
	7	7.32	13.33	41.84	377	317	37	24		
	8	8.27	15.07	47.28	425	359	43	26		
	9	9.73	17.73	55.65	487	412	51	29		
500	6	7.31	13.32	41.80	367	307	36	25	95	38
	7	7.82	14.25	44.73	401	337	40	27		
	8	8.78	15.99	50.17	449	379	46	29		
	9	10.24	18.65	58.54	511	432	54	32		
550	6	7.80	14.20	44.56	391	327	39	27	105	42
	7	8.31	15.13	47.49	425	357	43	29		
	8	9.26	16.87	52.93	473	399	49	31		
	9	10.72	19.53	61.30	555	452	57	34		

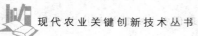

（续表）

体重（千克）	怀孕月份	日粮干物质（千克）	奶牛能量单位（NND）	产奶净能（兆焦）	可消化粗蛋白（克）	小肠可消化粗蛋白（克）	钙（克）	磷（克）	胡萝卜素（毫克）	维生素A（千单位）
600	6	8.27	15.07	47.28	414	346	42	29	114	46
	7	8.78	16.00	50.21	448	376	46	31		
	8	9.73	17.73	55.65	496	418	52	33		
	9	11.20	20.40	64.02	558	473	60	36		
650	6	8.74	15.92	49.96	436	365	45	31	124	50
	7	9.25	16.85	52.89	470	395	49	33		
	8	10.21	18.59	58.33	518	437	55	35		
	9	11.67	21.25	66.70	580	490	63	38		
700	6	9.22	16.76	52.60	458	383	48	34	133	53
	7	9.71	17.69	55.53	492	413	52	36		
	8	10.67	19.43	60.97	540	455	58	38		
	9	12.13	22.09	69.33	602	508	66	41		
750	6	9.65	17.57	55.15	480	401	51	36	143	57
	7	10.16	18.51	58.08	514	431	55	38		
	8	11.11	20.24	63.52	562	473	61	40		
	9	12.58	22.91	71.89	624	526	69	43		

注:1. 怀孕牛干奶期按表6计算营养需要。

2. 怀孕期间如未干奶,除按表6计算营养需要外,还应加产奶的营养需要。

表7　　生长母牛的营养需要

体重（千克）	日增重(克)	日粮干物质（千克）	奶牛能量单位（NND）	可消化粗蛋白（克）	小肠可消化粗蛋白（克）	钙（克）	磷（克）	胡萝卜素（毫克）	维生素A（千单位）
40	0		2.20	41		2	2	4.0	1.6
	200		2.67	92		6	4	4.1	1.6
	300		2.93	117		8	5	4.2	1.7
	400		2.23	141		11	6	4.3	1.7
	500		3.52	164		12	7	4.4	1.8
	600		3.84	188		14	8	4.5	1.8
	700		4.19	210		16	10	4.6	1.8
	800		4.56	231		18	11	4.7	1.9
50	0		2.56	49		3	3	5.0	2.0
	300		3.32	124		9	5	5.3	2.1
	400		3.60	148		11	6	5.4	2.2
	500		3.92	172		13	8	5.5	2.2
	600		4.24	194		15	9	5.6	2.2
	700		4.60	216		17	10	5.7	2.3
	800		4.99	238		19	11	5.8	2.3
60	0		2.89	56		4	3	6.0	2.4
	300		3.67	131		10	5	6.3	2.5
	400		3.96	154		12	6	6.4	2.6
	500		4.28	178		14	8	6.5	2.6
	600		4.63	199		16	9	6.6	2.6
	700		4.99	221		18	10	6.7	2.7
	800		5.37	243		20	11	6.8	2.7

（续表）

体重（千克）	日增重（克）	日粮干物质（千克）	奶牛能量单位（NND）	可消化粗蛋白（克）	小肠可消化粗蛋白（克）	钙（克）	磷（克）	胡萝卜素（毫克）	维生素A（千单位）
70	0	1.22	3.21	63		4	4	7.0	2.8
	300	1.67	4.01	142		10	6	7.9	3.2
	400	1.85	4.32	168		12	7	8.1	3.2
	500	2.03	4.64	193		14	8	8.3	3.3
	600	2.21	4.99	215		16	10	8.4	3.4
	700	2.39	5.36	239		18	11	8.5	3.4
	800	3.61	5.76	262		20	12	8.6	3.4
80	0	1.35	3.51	70		5	4	8.0	3.2
	300	1.80	3.80	149		11	6	9.0	3.6
	400	1.98	4.64	174		13	7	9.1	3.6
	500	2.16	4.96	198		15	8	9.2	3.7
	600	2.34	5.32	222		17	10	9.3	3.7
	700	2.57	5.71	245		19	11	9.4	3.8
	800	2.79	6.12	268		21	12	9.5	3.8
90	0	1.45	3.80	76		6	5	9.0	3.6
	300	1.84	4.64	154		12	7	9.5	3.8
	400	2.12	4.96	179		14	8	9.7	3.9
	500	2.30	5.29	203		16	9	9.9	4.0
	600	2.48	5.65	226		18	11	10.1	4.0
	700	2.70	6.06	249		20	12	10.3	4.1
	800	2.93	6.48	272		22	13	10.5	4.2

（续表）

体重（千克）	日增重（克）	日粮干物质（千克）	奶牛能量单位（NND）	可消化粗蛋白（克）	小肠可消化粗蛋白（克）	钙（克）	磷（克）	胡萝卜素（毫克）	维生素A（千单位）
100	0	1.62	4.08	82		6	5	10.0	4.0
	300	2.07	4.93	173		13	7	10.5	4.2
	400	2.25	5.27	202		14	8	10.7	4.3
	500	2.43	5.61	231		16	9	11.0	4.4
	600	2.66	5.99	258		18	11	11.2	4.4
	700	2.84	6.39	285		20	12	11.4	4.5
	800	3.11	6.81	311		22	13	11.6	4.6
125	0	1.89	4.73	97	82	8	6	12.5	5.0
	300	2.39	5.64	186	164	14	7	13.0	5.2
	400	2.57	5.96	215	190	16	8	13.2	5.3
	500	2.79	6.35	243	215	18	10	13.4	5.4
	600	3.02	6.75	268	239	20	11	13.6	5.4
	700	3.24	7.17	295	264	22	12	13.8	5.5
	800	3.51	7.63	322	288	24	13	14.0	5.6
	900	3.74	8.12	347	311	26	14	14.2	5.7
	1 000	4.05	8.67	370	332	28	16	14.4	5.8
150	0	2.21	5.35	111	94	9	8	15.0	6.0
	300	2.70	6.31	202	175	15	9	15.7	6.3
	400	2.88	6.67	226	200	17	10	16.0	6.4
	500	3.11	7.05	254	225	19	11	16.3	6.5
	600	3.33	7.47	279	248	21	12	16.6	6.6
	700	3.60	7.92	305	272	23	13	17.0	6.8
	800	3.83	8.40	331	296	25	14	17.3	6.9
	900	4.10	8.92	356	319	27	16	17.6	7.0
	1 000	4.41	9.49	378	339	29	17	18.0	7.2

（续表）

体重（千克）	日增重（克）	日粮干物质（千克）	奶牛能量单位（NND）	可消化粗蛋白（克）	小肠可消化粗蛋白（克）	钙（克）	磷（克）	胡萝卜素（毫克）	维生素A（千单位）
175	0	2.48	5.93	125	106	11	9	17.5	7.0
	300	3.02	7.05	210	184	17	10	18.2	7.3
	400	3.20	7.48	238	210	19	11	18.5	7.4
	500	3.42	7.95	266	235	21	12	18.8	7.5
	600	3.65	8.43	290	257	23	13	19.1	7.6
	700	3.92	8.96	316	281	25	14	19.4	7.8
	800	4.19	9.53	341	304	27	15	19.7	7.9
	900	4.50	10.15	365	326	29	16	20.0	8.0
	1 000	4.82	10.81	387	346	31	17	20.3	8.1
200	0	2.70	6.48	160	133	12	10	20.0	8.0
	300	3.29	7.65	244	210	18	11	21.0	8.4
	400	3.51	8.11	271	235	20	12	21.5	8.6
	500	3.74	8.59	297	259	22	13	22.0	8.8
	600	3.96	9.11	322	282	24	14	22.5	9.0
	700	4.23	9.67	347	305	26	15	23.0	9.2
	800	4.55	10.25	372	327	28	16	23.5	9.4
	900	4.86	10.91	396	349	30	17	24.0	9.6
	1 000	5.18	11.60	417	368	32	18	24.5	9.8
250	0	3.20	7.53	189	157	15	13	25.0	10.0
	300	3.83	8.83	270	231	21	14	26.5	10.6
	400	4.05	9.31	296	255	23	15	27.0	10.8
	500	4.32	9.83	323	279	25	16	27.5	11.0
	600	4.59	10.40	345	300	27	17	28.0	11.2
	700	4.86	11.01	370	323	29	18	28.5	11.4
	800	5.18	11.65	394	345	31	19	29.0	11.6
	900	5.54	12.37	417	365	33	20	29.5	11.8
	1 000	5.90	13.13	437	385	35	21	30.0	12.0

（续表）

体重（千克）	日增重（克）	日粮干物质（千克）	奶牛能量单位（NND）	可消化粗蛋白（克）	小肠可消化粗蛋白（克）	钙（克）	磷（克）	胡萝卜素（毫克）	维生素A（千单位）
300	0	3.69	8.51	216	180	18	15	30.0	12.0
	300	4.37	10.08	295	253	24	16	31.5	12.6
	400	4.59	10.68	321	276	26	17	32.0	12.8
	500	4.91	11.31	346	299	28	18	32.5	13.0
	600	5.18	11.99	368	320	30	19	33.0	13.2
	700	5.49	12.72	392	342	32	20	33.5	13.4
	800	5.85	13.51	415	362	34	21	34.0	13.6
	900	6.21	14.36	438	383	36	22	34.5	13.8
	1 000	6.62	15.29	458	402	38	23	35.0	14.0
350	0	4.14	9.43	243	202	21	18	35.0	14.0
	300	4.86	11.11	321	273	27	19	36.8	14.7
	400	5.13	11.76	345	296	29	20	37.4	15.0
	500	5.45	12.44	369	318	31	21	38.0	15.2
	600	5.76	13.17	392	338	33	22	38.6	15.4
	700	6.08	13.96	415	360	35	23	39.2	15.7
	800	6.39	14.83	442	381	37	24	39.8	15.9
	900	6.84	15.75	460	401	39	25	40.0	16.1
	1 000	7.29	16.75	480	419	41	26	41.0	16.4
400	0	4.55	10.32	268	224	24	20	40.0	16.0
	300	5.36	12.28	344	294	30	21	42.0	16.8
	400	5.63	13.03	368	316	32	22	43.0	17.2
	500	5.94	13.81	393	338	34	23	44.0	17.6
	600	6.30	14.65	415	359	36	24	45.0	18.0
	700	6.66	15.57	438	380	38	25	46.0	18.4
	800	7.07	16.56	460	400	40	26	47.0	18.8
	900	7.47	17.64	482	420	42	27	48.0	19.2
	1 000	7.97	18.80	501	437	44	28	49.0	19.6

（续表）

体重（千克）	日增重（克）	日粮干物质（千克）	奶牛能量单位（NND）	可消化粗蛋白（克）	小肠可消化粗蛋白（克）	钙（克）	磷（克）	胡萝卜素（毫克）	维生素A（千单位）
450	0	5.00	11.16	293	244	27	23	45.0	18.0
	300	5.80	13.25	368	313	33	24	48.0	19.2
	400	6.10	14.04	393	335	35	25	49.0	19.6
	500	6.50	14.88	417	355	37	26	50.0	20.0
	600	6.80	15.80	439	377	39	27	51.0	20.4
	700	7.20	16.79	461	398	41	28	52.0	20.8
	800	7.70	17.84	484	419	43	29	53.0	21.2
	900	8.10	18.99	505	439	45	30	54.0	21.6
	1 000	8.60	20.23	524	456	47	31	55.0	22.0
500	0	5.40	11.97	317	264	30	25	50.0	20.0
	300	6.30	14.37	392	333	36	26	53.0	21.2
	400	6.60	15.27	417	355	38	27	54.0	21.6
	500	7.00	16.24	441	377	40	28	55.0	22.0
	600	7.30	17.27	463	397	42	29	56.0	22.4
	700	7.80	18.39	485	418	44	30	57.0	22.8
	800	8.20	19.61	507	438	46	31	58.0	23.2
	900	8.70	20.91	529	458	48	32	59.0	23.6
	1 000	9.30	22.33	548	476	50	33	60.0	24.0
550	0	5.80	12.77	341	284	33	28	55.0	22.0
	300	6.80	15.31	417	354	39	29	58.0	23.0
	400	7.10	16.27	441	376	41	30	59.0	23.6
	500	7.50	17.29	465	397	43	31	60.0	24.0
	600	7.90	18.40	487	418	45	32	61.0	24.4
	700	8.30	19.57	510	439	47	33	62.0	24.8
	800	8.80	20.85	533	460	49	34	63.0	25.2
	900	9.30	22.25	554	480	51	35	64.0	25.6
	1 000	9.90	23.76	573	496	53	36	65.0	26.0

（续表）

体重（千克）	日增重（克）	日粮干物质（千克）	奶牛能量单位（NND）	可消化粗蛋白（克）	小肠可消化粗蛋白（克）	钙（克）	磷（克）	胡萝卜素（毫克）	维生素A（千单位）
600	0	6.20	13.53	364	303	36	30	60.0	24.0
	300	7.20	16.39	441	374	42	31	66.0	26.4
	400	7.60	17.48	465	396	44	32	67.0	26.8
	500	8.00	18.64	489	418	46	33	68.0	27.2
	600	8.40	19.88	512	439	48	34	69.0	27.6
	700	8.90	21.23	535	459	50	35	70.0	28.0
	800	9.40	22.67	557	480	52	36	71.0	28.4
	900	9.90	24.24	580	501	54	37	72.0	28.8
	1 000	10.50	25.93	599	518	56	38	73.0	29.2

七、奶牛培育技术

(一)犊牛的培育技术

犊牛是后备牛的第一阶段,后备牛分为犊牛和青年牛,犊牛是指出生6月龄的牛,青年牛是指6月龄之后到初次产犊之前的牛。

1. 后备牛培育的目的

(1)提高牛群质量与生产水平:牛群质量的高低取决于遗传基础及其环境条件。要不断提高牛群质量,应具有优良的遗传基础,这就要靠选种选配。优良遗传基础的充分显现,则依赖于后备牛阶段的生长发育和成年以后有良好的环境条件,最主要的是培育。培育的实质就是在一定的遗传基础上,利用条件作用于个体的生长发育过程,从而能塑造出理想的个体类型。后备牛阶段生长发育最快,可塑性大,直接影响成年时体形结构和终生的生产性能。同时,加强后备牛培育,也可使某些缺陷得到不同程度的改善与消除。

(2)获得健康牛群：布氏杆菌病、结核病等对牛群的危害很大，要对现有牛群进行预防、检疫、隔离及封锁疫区；将病牛群中的初生犊牛尽快转移到无病区并加强培育，从而获得新一代的健康牛群，杜绝疫病逐代蔓延。

(3)扩大牛群：犊牛阶段机能不全，对环境的适应能力较差，易死亡，特别是在初生期。据统计，犊牛生后7天内的死亡数占犊牛阶段的60%～70%。要采取各种有效措施，如早喂初乳，加强护理，搞好防疫卫生工作等，就可以大大降低犊牛死亡率，扩大牛群。

2. 后备牛培育的一般原则

(1)加强妊娠母牛的饲养管理，促进胚胎的生长发育，以获得健壮的初生犊牛。培育工作要从胚胎期开始，要根据胚胎生长发育的规律，加强对妊娠母牛的饲养管理。在胚胎前期发育快，细胞分化强烈，但绝对增重不大，3月龄后生长速度逐渐加快。

由于胚胎前期绝对增重不大，但分化很强烈，要求日粮全价性；妊娠后期绝对增重很快，不仅要求日粮全价性，而且量足。要注意日粮体积不能太大，以免影响胎儿。最后2个月胚胎增重占60%，需要量更大，必须供应干奶并且营养丰富，以保证本身维持和胎儿生长发育的需要。胚胎期还要加强母牛运动，以增强体质，利于胎儿生长发育及分娩。在实际生产中，纯粹因胎儿过大而引起的难产为数不多，胎儿大小（主要）取决于母体的影响（即母体效应）。难产最主要的原因是胎位不正和运动不足。放牧和舍饲期运动的牛很少发生难产，而且产程缩短，长久拴着不运动的牛难产率就高。为此，加强妊娠母牛运动，尤其是产前1个月运动可有效防止难产。试验证明，饲草丰盛、空气新鲜、经常运动的妊娠牛所生的犊牛，生理、生化及免疫生物学等指标均较好，患病率、死亡率低。

（2）加强消化器官的锻炼。奶牛必须具有容积大、强而有力的消化器官，才能采食大量的粗饲料和适量的精料，充分发挥产奶潜力。处于泌乳盛期的奶牛尤其是高产奶牛，往往因不能采食到足够的营养物质而不能充分发挥产乳潜力。为此，早期补饲草料而锻炼消化器官，提高对植物性饲料的适应性，减少哺乳量并实行早期断奶，用适量的精料、大量优质青粗饲料进行培育，可促使犊牛形成容积大、强而有力的消化器官，才有可能培育成高产奶牛。犊牛生后2~3周就能采食草料、反刍，腮腺开始活动。早期喂给草料，可促进瘤胃加速发育，刺激瘤胃微生物的生长繁殖，对瘤胃黏膜乳头的发育具有强烈的刺激作用。不同饲料对犊牛瘤胃生长发育的影响不一样，固体性饲料对犊牛瘤胃生长发育的影响比液体饲料（即奶）大，优质青粗料比精料的影响要大。因此，为了使牛具有强大的消化器官，进而培育成高产奶牛，要供应少量的牛乳、适量的精料、大量的优质青粗饲料。

牛场的技术人员非常重视犊牛腹部的发育，生长速度并不要求太快，一般要求2月龄时体重达到73千克，4月龄时123千克，6月龄时177千克，8月龄时232千克，10月龄时277千克，12月龄时318千克，14月龄时354千克，16月龄时386千克。切莫用过多的奶和精料进行过度饲养。

(3)加强运动和泌乳器官的锻炼。培育后备牛，还要注意加强运动，最好早期放牧，以增强体质。为了使乳腺组织得到充分发育，要注意加强性成熟以后特别是初孕之后的乳房按摩。

3. 犊牛饲养

(1)初生期：犊牛出生后7天内为初生期，也称新生期。由于犊牛的神经系统和某些组织器官机能尚未发育完善，因此，对新的生活环境适应能力很差。初生犊牛免疫力差，4周龄后才具备自己产生抗体的能力；皮肤的保护机能差，未建立起完善的生理屏障作用。因此，犊牛抗病菌感染能力差，易受各种病菌的侵袭而染病，甚至死亡。犊牛的生长发育旺盛、代谢强度大，需要大量营养物质，但初生犊牛的前胃机能不健全，第一胃很小，只有真胃的一半大小，仅有真胃和肠具有消化和吸收功能，容易因营养不足而影响生长发育。

初生犊牛脱离了子宫，仅能通过初乳与母体发生间接联系。初乳（即母牛分娩后 5 ~ 7 天内所产生的乳）与常乳比较，营养全价，干物质含量高，易消化，酸度高。干物质中蛋白质的总含量较常乳多 4 ~ 5 倍，尤其是白蛋白与免疫球蛋白，比常乳高 20 ~ 25 倍。白蛋白是极易消化的，对初生犊牛特别有利，免疫球蛋白是抗体，具有免疫力。因初乳中含有不会被消化掉的抗体及溶菌酶，加之初乳的酸度高，故可抑制病菌的活动。初乳中的抗体对于奶牛所敏感的微生物几乎都有抵抗力，甚至能将其完全杀死。因此，供给初生犊牛初乳，可大大提高其抗病力，提高对不良环境的适应能力。初乳营养丰富、干物质含量高，易于消化吸收，而且酸度高，可刺激胃肠系统的早期活动和促进消化液的分泌，提高对营养物质的消化利用率。初乳中含有较多的无机盐，特别是较多的镁盐，具有轻泻作用，可促使胎粪排出。

初生期是决定犊牛能否存活的关键时期，因而又称为初生关，而喂给初奶是最主要措施。犊牛每日食 6 ~ 7 千克初奶，完全可满足其营养需要。初奶挤出后应及时哺喂，若搁置时间久、温度已下降（尤其是冬天和初春），应隔水加热到35 ~ 38℃后再喂给。初奶温度过低不能喂给犊牛，以免引起胃肠疾病；加温亦不可过高，初乳酸度很高，加温过高易凝固，犊牛消化困难。

若母牛产后生病或死亡,可喂给同时期分娩的其他健康母牛的初奶(最好选择头三天的初奶)。如无此种母牛,则要喂常奶结合每天补饲20毫升鱼肝油,以补充维生素A的不足。另外,给予250克蓖麻油或具轻泻作用的其他物质,以代替初奶的轻泻作用。头5天还要加250毫克土霉素,以后减半。也可喂人工初奶,配方是新鲜鸡蛋2~3个,食盐9~10克,新鲜鱼肝油15克,加入到1升清洁、煮沸并冷却到40~50℃的水中,搅拌均匀,按每千克体重8~10毫升混入常奶中喂给。人工初乳与母牛初乳之间必然存在一定差异,效果有所不同。一般犊牛饮不完母乳,特别是高产母牛有较多的剩余初乳。初乳由于酸度高和镁盐多,因此不能作为鲜奶出售,也不能加工制奶粉等。常用剩余初乳与常乳混合,喂给其他犊牛。近年来不少国家都推广将剩余的初乳贮存起来,用于喂犊牛。据称2头母牛的剩余初乳可以喂一头犊牛(4~5周龄断奶),这样就能大量节约全乳或代乳料。但要注意,带血的初乳和产前2周或产后用过抗生素母牛所产的初乳,都不宜贮存。初乳贮存有发酵法、加保存剂法和冷冻保存法,以发酵法最为简便易行,应用也最广。发酵初乳亦称酸初乳,与青贮方法一样,是利用乳酸菌发酵达到适宜的酸度,抑制腐败菌繁殖而得以保存。制作酸初乳,最好贮存于有盖的塑料桶内。如用铁桶,则最好加塑料作衬里,以免酸腐蚀金属,犊牛食入过多的锌等。10～15℃室温下，5～7天发酵成功，15～20℃需3～4天，20～25℃则2天即成。如急用时，可将发酵好的初乳作为发酵剂，按5%～6%加入待发酵的初乳中，10℃时2天即成，20～25℃时1天即成。贮存期间每天要搅动，以免起泡沫和产生大量凝块，最好2次/天。初乳发酵后贮存期不要超过1个月。已发酵好的初乳可混在一起，但不同日期的不能混在一起，环境温度以10～25℃最适宜。气温太低，初乳不易发酵；气温太高，初乳则易腐败。因此，在炎热季节不可采用发酵初乳的方法，而应采用加保存剂法。所用保存剂主要是有机酸（如丙酸等），剂量为0.7%～1.5%。用冷冻的方法可很好地保存初乳，质量高，并且冷冻初乳可以喂新生犊牛。冷冻初乳的贮存期可达6个月之久，但此法成本较高，故较难以在牧场采用。用保存初乳喂犊牛时，应加以稀释，接近于常乳，以免下痢。

（2）初生期后：当犊牛初生期结束后，就可以从护仔栏转入犊牛舍，进入初生期后的饲养阶段。开始哺喂常乳、补饲草料，并逐渐过渡到断奶，代以固体性饲料。

哺喂常乳：实行早期断奶。关于犊牛的喂奶次数，我国各地多采用3次喂奶，与3次挤奶的时间安排基本一致。不少国家多采用2次喂奶制，我国也有牛场做过每天2次喂奶的试验，获得了良好的效果。试验证明，同样奶量2次喂奶和3次喂奶,犊牛没有差异,却大大减轻了劳动强度。

早期喂饲植物性饲料的目的就是为了促进胃尤其是瘤胃的生长发育,从生后1周开始给予优质干草,任其自由咀嚼,练习采食,同时开始训练犊牛吃精料。初喂时可涂抹犊牛口鼻,教其舔食,以慢慢适应。一般出生后3周开始,就可以向混合精料中加入切碎的胡萝卜之类的多汁料,青贮料从2月龄开始喂给。由于犊牛生长发育旺盛、营养需要多,而消化机能弱,所以此期供给的饲料应是营养浓度高,适口性好,易消化吸收的。这样就兼顾了生长发育与消化器官锻炼的需要。一般所配日粮中蛋白质含量应是20%以上,脂肪含量为7.5%~12.5%,粗纤维含量不超过5%。

此外,犊牛还应补充一些抗生素。抗生素饲料能刺激消化道有益菌群的优先繁殖,抑制有害微生物,减少和寄主对营养物的竞争,并降低下痢等消化系统疾病的发病率,还可使犊牛增加采食量。总之,给犊牛补喂抗生素可预防疾病、增进健康、提高增重(特别是在条件差的情况下,补喂抗生素的效果更为显著)。据试验,在犊牛初生期结束后,每天补饲1万单位的金霉素,30天后停喂,犊牛的日增重提高7%~16%,下痢亦大大减少。

(3)犊牛饲养方案:犊牛料配方为玉米61%,麸皮

8%，膨化大豆17%，豆粕11%，花生饼1.6%，维生素预混料0.05%，微量元素预混料0.05%，碳酸钙1.12%，食盐0.18%。哺乳期犊牛饲养方案如表8所示。

表8 哺乳期犊牛饲养方案 （单位:千克/天）

日龄（天）	目标体重	哺乳量	犊牛料喂量	羊草喂量	胡萝卜喂量	备注
0～4	43	8				初乳
5～7	45	6	0.1			全乳,各类饲料喂量逐渐调整
8～14	48	5	0.4	0.1		
15～21	53	5	0.5	0.4		
22～28	56	5	0.6	0.6	0.1	
29～35	60	4	0.7	0.8	0.3	
36～42	63	3	0.8	1.0	0.6	
43～49	67	2	0.9	1.1	0.7	
50～60	72	1	1.0	1.2	0.8	

犊牛断奶后继续饲喂犊牛料，日采食量达到2千克时便可采食断奶犊牛混合精料。断奶犊牛混合精料配方为玉米30%，高粱9%，膨化大豆40%，豆粕4.5%，花生饼14%，维生素预混料1.5%，微量元素预混料0.5%，碳酸氢钙0.1%，碳酸钙0.1%，食盐0.3%。断奶至6月龄饲养方案如表9所示。

表9　　断奶至6月龄饲养方案　（单位:千克/天）

日龄(天)	目标体重	混合精料喂量	羊草喂量	青贮喂量	胡萝卜喂量
61～70	80	1.3	1.5	0.5	0.8
71～90	90	1.6	1.7	0.8	0.6
91～105	100	2.0	1.8	1.0	0.2
106～130	120	2.0	2.0	1.2	0.2
131～165	153	2.0	2.5	1.4	0.2
166～182	171	2.0	3.0	1.5	0.2

4.犊牛的管理

(1)初生犊牛的护理:

①清除黏液:犊牛出生后,应首先清除口及鼻部的黏液,以免妨碍呼吸。擦拭体躯上的黏液,并让母牛舔干犊牛身上的羊水,有利于子宫收缩复原,便于排出胎衣。母牛不舔时,可在犊牛身上撒麸皮,诱使母牛舔。注射或者直接饮用母牛分娩时收集的羊水后,对患有卵巢静止、持久黄体、非浓性子宫内膜炎及原因不明的空怀母牛均有一定的治疗效果,并能促使发情、排卵、受胎。这与羊水内含有激素(雌激素、孕激素、前列腺素)、酶类及一些免疫物质有关。

②处理好脐带:分娩时病原微生物感染的门户首先是脐带,脐带直到分娩之前一直是补给营养的路径。脐

带直接与内脏(肝脏和膀胱)相连,分娩时脐带刚一断,不能马上完全闭合,内脏处于开放状态,病原微生物就会进入,所以,犊牛生后一定要处理好脐带。如脐带已断裂,可在断端用5%碘酊充分消毒;未断时可在距腹部6~8厘米处用消毒剪刀剪断,充分消毒。

③称重、登记:处理好脐带后,进行称重并登记犊牛的初生重、父母号、毛色和性别等,让犊牛尽早吮吸初乳。

(2)编号:给牛编号便于管理,记录于档案中,有利于繁殖和育种工作。牛少时可以给牛命名而不必编号,如根据牛的毛色等特征给牛命名,加以区分。饲养量大时则采用编号的方法。

(3)哺乳卫生管理:2周内哺乳有奶嘴哺乳法、手指加桶哺乳法和桶式哺乳法。2周后只有一种方式,即桶式哺乳法。2周内犊牛宜用奶嘴哺乳法,这样的哺乳器犊牛只有用力吮吸才能吃到奶,也就会使唇、舌、口腔与咽头黏膜的感受器受到足够强的刺激,产生完全的食管沟反射,奶汁直接流入真胃。同时由于吮吸速度较慢,奶汁在口腔中能与唾液混匀,到真胃时凝成疏松的奶块,容易消化。如果直接用奶桶哺乳,犊牛不用费力就可吃到奶,刺激强度小,食管沟闭合不全,且由于饮奶过急,大部分奶汁会进入前胃。由于此时前胃机能不健全,因而奶汁会在前胃中异常发酵,导致犊牛生病。2

周龄后瘤胃中已形成微生物区系，奶汁可以正常发酵了，就可用奶桶喂奶了。

犊牛饮完奶后，要及时用干净的毛巾将残留奶汁擦净，并等其干燥后再放开颈枷，以免形成舔癖。舔癖的危害很大，常使被舔的牛犊造成瞎奶头等不良后果；而有舔癖的牛，则因舔吃牛毛，久而久之可能在胃中形成毛球，堵塞幽门或肠管而致丧命。若已形成舔癖，则可用小棒敲打嘴部，经反复多次建立起条件反射后即可纠正。近年来国外及我国部分牛场采用犊牛小岛法，即露天单笼培育技术，这是最好的办法，既可避免室内外温差变化，又可防止相互舔，从而大大减少犊牛呼吸道和消化道疾病，提高犊牛成活率。这种犊牛舍可以是固定式或移动式，犊牛舍为前敞开式箱式结构，前高 1.2 米，后高 1.05 米，长 2.4 米，门宽 1.2 米，舍外用直径 6 ~ 8 毫米钢筋制作椭圆形围栏，作为犊牛运动场；或用木条做成长 1.8 米、宽 1.2 米、高 1.0 米的长方形围栏。每头犊牛占地 5 米^2。移动式犊牛舍，舍间距为 1 ~ 1.2 米。

（4）犊牛舍卫生管理：犊牛生后 2 周内极易患病，主要是肺炎和下痢，这与牛舍卫生有很大关系。犊牛舍要定期消毒，保持舍内空气新鲜，温、湿度适宜，阳光充足，保证犊牛健康生长发育。

（5）去角：宜在初生后 1 ~ 2 周去角，有电烙法和固体苛性钠法。电烙法是将电烙器加热到一定温度后，牢牢地压在角基部，直到组织烧灼成白色为止，再涂以青霉素软膏或硼酸粉。烧灼时不宜太久太深，以防烧伤下层组织。苛性钠法应在晴天且哺乳后进行，具体方法是先剪去角基部的毛，再用凡士林涂一圈，以防苛性钠药液流出，伤及头部和眼部。然后用棒状苛性钠蘸水涂擦角基部，直到表皮有微量血渗出为止。处理完后把犊牛另拴系，以免其他犊牛舔伤处或犊牛摩擦伤处增加渗出液，延缓痊愈。由于苛性钠法处理的伤口需1～3 天才干，所以随母哺乳的犊牛最好采用电烙法，以免苛性钠伤及母牛乳房的皮肤。

另外，有些地方采用中药（如“除角灵”）去角，效果较好。犊牛 15～45 日龄，牛角部突出表面 1 厘米左右，是除角的最佳时期。在两角突起部位，剪出 1 元硬币大小的圆形，用竹片或木片蘸取“除角灵”，均匀地涂抹于已剪毛的牛角部位，一般涂抹 1～2 个硬币厚度即可。涂药后犊牛稍有不安，不用管，5 分钟后即恢复安静。涂药后 5 天左右，角部皮肤变硬，但不溃烂、不化脓，不影响食奶和生长发育，角部皮肤自然脱落并长出新毛，除角效果达到100%。

（6）运动与光照：运动对骨骼、肌肉、循环系统、呼吸系统等都有好处，尤其是犊牛正处在生长发育旺盛的时期，运动就显得更重要。一般犊牛出生后 10 天，就要每天牵到运动场,进行0.5～1小时的运动,1月龄后增至2小时,分上午、下午2次运动。如果后备牛的运动不足而精料又过多,容易发胖,体短肉厚个子小,早熟早衰,利用年限短,产奶量低。光照可提高牛的抗病力,日增重提高10%～17%,提高产奶量(如秋冬季16～17小时的光照可使奶牛产奶量增加7%～10%)。

(7)皮肤卫生:要坚持每天刷拭皮肤,对犊牛有按摩皮肤的作用,能促进皮肤血液循环,增强代谢作用,提高饲料转化率,有利于生长发育。刷拭还可保持牛体清洁,防止体表寄生虫滋生,使犊牛养成温顺的性格。

(8)调教管理:做好犊牛的调教管理工作,从小养成一个温顺的性格,无论对于育种工作还是成年后的饲养管理与利用都很有利。若犊牛没经过良好的调教,性格怪癖,就会给测量体尺、称重等工作带来很大麻烦,得不到准确的测量数据,因而不能正确检查、评价培育效果。成年奶牛挤奶踢脚、抗拒挤奶,公牛顶撞伤人等现象,都是由于在从小没有经过调教或调教不当所造成的。因此,饲养员必须温和地对待犊牛,经常刷拭牛体,测量体温与脉搏,日子久了,就能养成犊牛温顺的性格。

5. 犊牛的早期断奶

许多试验证明,过多的哺乳量和过长的哺乳期,虽然可使犊牛增重较快,但对犊牛的消化器官有不利影响,而且还会影响牛的体形及成年后的生产性能。犊牛早期断奶可大量节约鲜奶,缓解了供奶紧张状况。由于缩短了哺乳期,降低了喂奶量,又节约了劳动力,因而降低了培育成本。由于提早补饲植物性饲料,促进了消化器官特别是瘤胃的生长发育,提高了犊牛的培育质量,并有可能进一步培育成高产奶牛。瘤胃的强大,可减少消化道疾病的发病率,能提高犊牛成活率,降低死亡率,减少损失。

(1)早期断奶时间:我国早期断奶确定为4~8周龄,近年来的研究证明,及时(及早)补饲草料,4周龄时瘤胃容积可占全胃容积的64%,已达成年牛相应指标的80%;6~8周龄时前两胃的净重占全胃净重的65%,已接近成年牛的比例;6~8周龄犊牛瘤胃发酵粗、精饲料产生的挥发性脂肪酸,组成和比例与成年牛相似,就是说此时犊牛对固体性饲料已具备了较高的消化能力。因此,6~8月龄是犊牛断奶的适当时期。

早期断奶的牛,前期的生长发育及被毛光泽可能较差,但对生长发育无影响。而且,由于犊牛具有强大的消化器官和生长发育的可补偿性,在后期(育成期)增重很快,并优于断奶较迟的犊牛,成年后产奶性能无疑要比断奶晚的牛高。

欲使早期断奶取得成功,关键在于及早(及时)地给犊牛提供优质的精粗饲料,犊牛料、代乳料的合理配制与利用,以及正确制订犊牛的早期断乳方案。

(2)犊牛料及代乳料的配制与利用:根据犊牛的营养需要配制成容易消化吸收的精饲料,起着促使犊牛由以奶为主向完全以植物性饲料为主的过渡作用。犊牛料为粗磨粉状,犊牛出生4~7天后开始提供,自由采食。随后增加采食量,1月龄内宁可少吃青草,也要多供犊牛料,以保证犊牛初期的生长速度。当每天采食量达到0.8~1.0千克时即可断奶,每天采食量达到2千克时(约3月龄)可改喂普通混合料。犊牛料应具有20%以上的粗蛋白,7.5%~12.5%脂肪,干物质含量72%~75%,粗纤维不高于5%,矿物质、维生素、抗生素等都要保证。根据这个原则,犊牛料的配方有多种,但多以植物性的高能、高蛋白饲料为主。

代乳料亦称人工乳,比犊牛料具有更高的营养价值和极低的粗纤维含量,并具有更高的消化率,是一种粉末状的饲料,以水稀释后喂给。代乳料主要作用是代替全乳,达到节约鲜奶的目的。代乳料稀释率为1:6~1:7,还可起到补充全乳某些营养成分不足的作用,初生期结束后立即使用。配制代乳料的原则是含有20%以上的乳蛋白,脂肪含量10%以上。因此,代乳料原料是以奶的副产品为主,如脱脂奶,而不像犊牛料是以植物性饲料为主。由于乳蛋白成本高且来源短缺,因此,我国有些地区以发酵的剩余初乳来代替,一般每两头母牛所产的剩余初乳可培育一头母犊至4~5周龄断奶。

(3)早期断乳方案的制订:要根据生产用途(乳用、肉用),犊牛料、代乳料的生产水平及饲管水平等来制订犊牛早期断奶方案。乳用犊牛早期断奶为4~8周龄,在保持一定的生长速度前提下,尽量多用青粗饲料。现将犊牛培育技术总结成口诀如下:“一驱、二早、三足、四定、五勤、六净”。一驱是定期驱除体内外寄生虫,并用中药健胃;二早是早吃初奶、早补料;三足是足够的运动、饮水和光照;四定是定质、定量、定时、定温;五勤是勤饲喂(少喂勤添)、勤饮水(保持饮水器内有水)、勤刷拭(至少每天一次)、勤清扫(包括打扫牛舍、通风、干燥、定期消毒)、勤观察;六净是保持饮水、饲草、饲料、饲槽、圈舍和牛体净。

(二)青年牛的培育技术

青年牛是指出生后半年到配种前的后备牛,犊牛满6月龄转入青年牛舍,进入青年牛培育阶段。青年母牛不产乳,没有直接经济效益,往往得不到应有的重视。实际生产中,有的牛场将质量最差的草喂给青年牛。虽然青年牛阶段的饲养管理相对粗放些,但决不意味着可以马马虎虎,这一阶段在体形、体重、产奶性能及适应性的培育上比犊牛期更为重要,尤其是在早期断奶的情况下,犊牛阶段因减少奶量对体重造成的影响,需要在这个时期加以补偿。如果此期培育措施不得力,那么达到配种体重的年龄就会推迟，进而推迟了初次产犊的年龄；如果按预定年龄配种，那么将可能导致终生体重不足；同样，此期对体形结构、终生产奶性能的影响也是很大的。因此，对青年牛也应细心培育。

1. 青年牛的饲养

（1）半岁至1岁：这是青年牛生长最快的时期，性器官和第二性征的发育很快，体躯向高度和长度方面急剧生长。前胃虽然经过了犊牛期植物性饲料的锻炼，已具有了相当的容积和消化青粗饲料的能力，但还不能保证采食足够的青粗饲料，满足此期快速生长发育的营养需要。同时，消化器官本身也在快速发育。此期所喂给的饲料，除了优良的青粗料外，还必须适当补充一些精饲料。一般日粮中干物质的75%应来源于青粗饲料，25%来源于精饲料。

（2）12月龄至初次妊娠：青年母牛消化器官容积更大，消化能力更强，生长逐渐减缓，无妊娠负担，更无产奶负担，优质青粗饲料基本上就能满足营养的需要。因此，此期日粮应以青粗料为主。

2. 青年牛的管理

犊牛转入青年牛舍时要实行公母分群。青年牛的管理除了运动和刷拭以外，还要坚持乳房按摩。乳腺的生长发育受神经和内分泌系统活动的调节，对乳房外感受器施行按摩刺激，通过神经—体液途径或单纯的神经途径（前者通过下丘脑—垂体系统，后者通过直接支配乳腺的传出神经），能显著促进乳腺生长发育，提高产奶量。乳腺对按摩刺激产生反应的程度，依年龄有所差异。性成熟后，特别是妊娠期乳腺组织生长发育最旺盛，加强按摩效果最显著。青年母牛按摩乳房还可使其提前适应挤奶操作，以免产犊后出现抗拒挤奶现象。据试验，选用五对半同胞青年牛，分为两组，母亲的胎次一致，产奶量差异不显著，12 月龄后开始按摩乳房。结果表明，接受乳房按摩的初产牛均能顺利接受挤奶，且乳房形状、容量及产奶量均有明显改善和提高。对照组产奶量为4 073 千克，试验组为4 523 千克，提高11.05%；乳房容量对照组9.4 升，试验组10.7 升，提高13.83%；乳房圆周对照组 133 厘米，试验组 148 厘米，提高11.28%。每次按摩 5～10 分钟为宜。

青年母牛怀孕前6 个月，营养需要与配种前差异不大。怀孕的最后3 个月，营养需要则较前有较大差异，应按奶牛饲养标准进行饲养。这个阶段的母牛饲料喂量一般不可过量，否则将会使母牛过分肥胖，导致以后的难产或其他病症，因此，怀孕的青年牛应保持中等体况。青年母牛怀孕后必须加强护理，最好根据配种受孕情况，将怀孕天数相近的母牛编入一群。青年母牛怀孕后更应注意运动，每日运动 1～2 小时，有条件的也可放牧，但要比未孕青年牛的放牧时间短。青年母牛怀孕后，牛舍及运动场必须保持卫生，供给充足的饮水，最好设置自动饮水装置。分娩前两个月，应转入成年牛舍进行饲养。这时饲养人员要加强护理与调教，如定时梳刷、定时按摩乳房等，使其能适应分娩投产后的管理。这个时期切忌擦拭乳头，以免擦去乳头周围的蜡状保护物，引起乳头龟裂；或因擦掉“乳头塞”使病原菌从乳头孔侵入，导致乳房炎和产后乳头坏死。

在分娩前30天，可以在饲养标准的基础上适当增加喂量，但谷物喂量不得超过其体重的1%，日粮中还应增加维生素以及钙、磷等矿物质含量。在临产前两周转入产房饲养，饲养管理与成年牛围产期相同。

3. 青年牛饲养方案

（1）7～8月龄青年牛：混合精料配方为，玉米51%，麸皮10%，高粱12.5%，豆粕15%，花生饼10%，食盐0.3%，维生素0.5%，微量元素0.5%，碳酸氢钙0.1%，碳酸钙0.1%。饲养方案如表10所示。

表10　6～8月龄青年牛饲养方案　（单位：千克/天）

日龄（天）	目标体重（千克）	混合精料喂	羊草喂量	青贮喂量	胡萝卜喂量
180～210	201	2.0	3.5	3	0.2
211～240	228	2.0	4.0	3	0.2

（2）9～24月龄青年牛：混合精料配方为，玉米

30%，麸皮20%，高粱10%，豆粕15%，花生饼17.5%，棉粕6%，维生素0.5%，微量元素0.5%，碳酸氢钙0.1%，碳酸钙0.1%，食盐0.3%。饲养方案如表11所示。

表11　9～24月龄青年牛饲养方案（单位:千克/天）

日　龄（天）	目标体重（千克）	混合精料喂量	羊草喂量	青贮喂量	花生秧	豆腐渣	啤酒糟	食盐（克/天）
241～300	276	2.0	3.0	4	1	2	1	
301～360	318	2.0	3.0	5	1	2	1	
361～420	354	2.0	3.0	6	1	2	1	
421～480	390	2.0	3.0	8	1	2	1.5	2
481～540	413	2.0	3.0	10	1	2	2	2.5
541～600	445	2.0	3.0	10	1	2	2	3
601～660	447	2.0	3.0	10	1	2	2	5
661～720	513	2.5	3.0	10	1	2	2	5

（3）25～27月龄青年牛:混合精料配方为，玉米55%，麸皮16%，高粱15%，豆粕5%，花生饼5%，棉粕2.5%，维生素0.4%，微量元素0.5%，碳酸氢钙0.1%，碳酸钙0.1%，食盐0.4%。饲养方案如表12所示。

表 12　　25～27 月龄青年牛饲养方案（单位：千克/天）

日　龄（天）	目标体重（千克）	混合精料喂量	羊草喂量	青贮喂量	花生秧	豆腐渣	啤酒糟
721～750	540	3.5	4.5	10	1	2	2
751～780	590	4.0	4.5	10	2	2	2
781～825	630	4.5	4.5	10	2	2	2

（三）成年奶牛饲养管理

据试验，按产奶量高低进行分群和阶段饲养，对提高产奶量或增加经济效益效果显著；反之，则浪费饲料，增大成本，降低经济效益。

1. 成年奶牛的日常管理

（1）日粮组成力求多样化和适口性强。奶牛是一种高产动物，对饲料要求比较严格，在泌乳期间日粮组成要保证多样化和适口性强。多样化可使日粮具有完善的营养价值，以保证奶牛生命活动和泌乳活动。一般日粮组成多样化了，适口性就较好。一般奶牛日粮要由 3 种以上青粗饲料（干草、青草、青贮饲料等）、3 种以上精料组成。

近年来对泌奶牛采用全价混合饲料自由采食的饲养法——TMR 饲养法，即根据母牛不同必乳阶段的营养需要，将精、粗饲料经过加工调制，配合成全价的混合饲料,供牛自由采食。采用这种饲养方法可简化饲养程序,节约劳力,减少牛舍投资,并可使每头牛得到廉价的平衡饲料。此外,可多喂粗料,少用精料,降低饲养成本,并避免以往奶牛由于分别自由采食精、粗饲料,而使精料吃得过多,粗料采食不足,造成瘤胃机能出现障碍,产奶量、乳脂率下降和发生消化道疾病等问题。

(2)精、粗饲料的合理搭配。饲喂草食动物要以青粗饲料为基础,营养物质不足部分用精料和其他饲料添加剂进行补充,即精粗饲料合理搭配。干草、青绿多汁饲料和青贮料易消化、适口性好,能刺激消化液的分泌,增进食欲,保持奶牛消化器官的正常活动,保证健康,获得大量高质量的牛乳;相反,如果长期饲喂过多的精料,会导致奶牛的健康状况恶化,降低产奶量和乳的品质。精料只能作为补充部分,而不能作为基础部分。高产奶牛的日粮中,精料往往大于基础部分,这是产奶的需要。为此,要控制瘤胃发酵,如添加缓冲化合物等。即使按照这个原则并控制瘤胃发酵,高产奶牛也难免患营养代谢疾病,而低产牛则不然,故人们常说越是高产奶牛越难养。

根据以上原则,确定不同体重奶牛每天应喂的粗料量(表13)。

表13　不同体重母牛的粗料日喂量(风干物质计)

(单位:千克)

体　重	中等给量	最大给量
300	10	14
400	11	16
500	12	18
600	13	20

每3~4千克青贮料可代替1千克粗料;块根类饲料约8千克可代替1千克精料。由于块根多汁饲料有刺激食欲的作用,但含能量低,所以,增喂多汁饲料时粗料喂量并不按比例减少。精料的喂量,要根据奶牛的营养需要而定。一般是每产3~5千克乳给予1千克精料。青粗饲料品质优良时,可按表14的精料量进行补喂。

表14　奶牛的精饲料给量

每天产奶量(千克)	每产1千克奶的精料量(克)	每头牛每天的精料量(千克)
10以下	100以内	1以下
10~15	150	1~2
15~20	200	3~4
20~25	250	5~6
20~25	300	6~7
30以上	350	10以上

根据饲养标准精确计算不同体重、年龄和生产水平的母牛对各种营养物质的需要量。正确配合日粮,促使奶牛将吃进去的饲料,除维持其体重外全部用于产奶。

(3)饲喂次数和顺序。在我国,奶牛每天的饲喂次数一般与挤奶次数一致,即实行3次挤奶、3次饲喂,但高产奶牛、夏季饲养以及泌乳盛期应增加饲喂次数。饲喂的顺序,一般是"先粗后精"、"先干后湿"、"先喂后饮"。先喂粗料,当粗料吃的差不多时再拌上精料,可使牛越吃越香,在饲喂过程中都能保持良好的食欲;另一种是先喂精料,后喂粗料,最后饮水的方法。这两种饲养方式,可根据各地具体条件灵活选用,前一种方式较好,尤其是舍饲条件。

(4)饲喂技术。在奶牛饲养首先要做到"定时定量,少喂勤添"。因为定时饲喂,可使牛消化腺的分泌机能在吃到饲料以前就开始活动。如要饲喂过早,它必然要挑剔饲料不好好采食;喂迟了又会使牛饥饿不安,也会打乱牛消化腺的活动,影响牛对饲料的消化和吸收。所以,只有按时合理饲喂,才能保证牛消化机能的正常活动。每次上槽都要掌握饲料喂量,喂过多或过少,都会影响母牛的健康和生产性能。要做到"少给勤添",以保持牛只旺盛的食欲。

(5)饮水。水对奶牛更为重要,牛乳中含水88%左右。据试验,日产奶50千克的奶牛每天需饮水100～

150升,一般奶牛每天也需饮水50～70升。如饮水不足,就会直接影响产奶量。奶牛饮水充足,可以提高产奶量达10%～19%;饮水量每下降40%,则产奶量下降25%。最好在牛舍内装置自动饮水器,让奶牛随时都能充分饮水。如无此设备,则每天饲喂结束后给牛饮水3～4次。夏季天热时应增加饮水次数。此外,在运动场内应设置水池,经常贮满清水,让牛自由饮水。冬季饮水时注意水不能太凉,不宜放食盐,以免饮水太多,造成体热大量散失。让牛不饮过冷的水是防止冬季体热消耗的有效措施之一,也是一种冬季的增奶措施。据试验,在11月份2～6℃的气温环境中,69头奶牛第1周在冷水池中饮水,第2周在牛舍内饮10～15℃的温水,第1周比第2周产奶量少9%。冬季饮8.5℃的水比饮1.5℃的水,产奶量提高8.7%。若长期供20℃的水,则奶牛体质变弱,容易感冒,胃的消化机能减弱。因而,冬季饮水适宜温度为成年母牛12～14℃,产奶与怀孕牛15～16℃。此外,在冬季拿出部分精料用开水调制成粥料喂牛,对牛体保温,提高采食量、产奶量效果明显。夏天给奶牛饮凉水,以减轻热应激造成的危害。有人分别以10℃水和30℃水试验,结果表明饮10℃水的奶牛产奶量、采食量均增加,而呼吸次数及体温均降低,故夏季提供清凉的饮水是十分有效的增奶措施。夏季饮凉水时,可适量放些食盐,以促使牛多饮凉水,增大体热散失量，进一步减轻热应激造成的危害。

2. 奶牛泌乳期饲养管理

(1)泌乳规律：在泌乳期中，奶牛的泌乳量、体重及干物质采食量均呈规律性变化。

①泌乳量的变化：奶牛产犊后，产奶量逐渐上升，低产牛在产后20～30天、高产牛在产后40～50天产乳量达到泌乳曲线最高峰。高产牛泌乳高峰期持续时间较长。高峰期后，产乳量逐渐下降。

②干物质采食量的变化：高产奶牛产后干物质采食量逐渐增加，但增加的速度较平缓，高峰出现在产后90～100天，再缓慢平稳下降。

③体重的变化：奶牛产后体重开始下降，2个月左右体重降到最低，较高产奶牛泌乳高峰稍迟些。以后体重又渐增，至产后100天体重可恢复到产后半个月的水平。高产奶牛在泌乳盛期失重35～45千克是正常的，若超过此限，就会对产奶性能、繁殖性能及健康产生不利的影响。高产奶牛由于干物质采食量高峰比泌乳高峰迟6～8周，因而在泌乳盛期往往会营养不足，不得不分解体组织来满足产奶所需的营养物质。在这种情况下，要充分发挥产奶潜力，尽量减轻体组织的分解，就要提高日粮营养浓度，即增大精料比例，这也就是美国、日本等国20世纪70年代后所采用的“引导饲养法”，亦叫做“挑战饲养法”。实际上，高产奶牛即使是采用了“挑

战饲养法”，在泌乳盛期要完全避免体组织的消耗也是不可能的，但可使减重幅度减小，保证既能发挥出产奶潜力，又不影响母牛健康和繁殖性能。由于干物质采食量达到高峰以后下降的速度较平稳，因而盛期过后要注意调整日粮结构，降低营养浓度，防止过肥。

(2)泌乳初期饲养管理：此期母牛刚刚分娩，机体较弱，消化机能减退，产道尚未复原，乳房水肿尚未完全消失。因此，此期应以恢复母牛健康为主，不得过早催奶，否则，大量挤奶易引起产后疾病。

分娩后要随即驱赶母牛站起，以减少出血和防止子宫外脱，并尽快饮喂温热麸皮盐水 10～20 千克（麸皮 500 克，食盐 50 克），以利恢复体力和胎衣排出（因为增加了腹压）。为了排净恶露和产后子宫早日恢复，还应饮热益母草红糖水（益母草粉 250 克，加水 1 500 克，煎成水剂后，加红糖 1 千克，水 3 千克，以 40～50℃ 为宜），每天 1 次，连服 2～3 天。在正常情况下，母牛分娩后胎衣 8 小时左右自行脱落，如超过 24 小时不脱，不可强行拖拉。对体弱和老年母牛肌注催产素，或与葡萄糖混合，静脉注射，效果较好，但剂量为肌肉注射的 1/4，以促使子宫收缩，尽早排出胎衣。产后不能将乳汁全部挤净，否则由于乳房内压显著降低，微血管渗出现象加剧，会引起高产奶牛的产后瘫痪。一般产后第 1 天每次只挤奶 2 千克左右，第 2 天挤 1/3，第 3 天挤1/2，第 4 天后方可挤净。

对于初乳的挤奶量，大多数一直是采用上述做法。最近我国有的奶牛场曾进行过奶牛产后一次挤净初乳的试验，证明产奶高峰可提前到来，显示了有提高泌乳期产奶总量的可能性，而且临床性急性乳房炎发病率低，产后瘫痪发病率差异不显著。采用母牛产后一次挤净初乳，对体弱有病的牛只或3胎以上的大龄牛应慎重对待。牛只挤净初乳后，立即进行预防性补钙和补液，根据情况补充葡萄糖酸钙500～1 500毫升。产后3天使用抗生素控制感染。注意围产后期和泌乳高峰期的饲料营养浓度以及精粗饲料的合理添加量，尽可能降低奶牛体内能量、蛋白质的负平衡过程，延长产奶高峰的时间。

分娩后乳房水肿严重，要加强乳房的热敷和按摩，注意运动，促进乳房消肿。在本期内奶牛如欲食好、消化机能正常、不便稀、乳房水肿消退、恶露排干净，可逐渐增加精料，多喂优质干草，控制饲喂青绿多汁饲料，切忌过早催奶，引起体重下降，代谢失调；否则，不宜增加精料，只能增加优质干草。

(3)泌乳高峰期饲养管理：此期奶牛体质已恢复，乳房软化，消化机能正常，乳腺机能日益旺盛，产乳量增加甚快，进入泌乳盛期。我国制订的《高产奶牛饲养管理规范》中规定，奶牛产后16～100天为泌乳盛期。若头产牛在15～21天内不催奶，逐步给予良好的营养水平，可使高峰期延长到120天。泌乳盛期是整个泌乳期的黄金阶段，产奶量占全泌乳期的40%左右。如何使奶牛在泌乳盛期最大限度地发挥泌乳性能是夺取高产稳产的关键，也最能反映饲养管理的效果。虽然产后5～6个月不配种，产奶量仍较高（即对饲养管理效果的反应仍较好），但并不提倡。高产奶牛采食高峰要比泌乳高峰迟6～8周，这不可避免地在泌乳高峰期出现一个“营养空档”。饲养实践表明，通过增加营养浓度也不能完全弥补这“空档”。在这个“空档”内，奶牛不得不动用身体贮备（即分解体组织）来满足产奶所需的营养物质，所以，在泌乳的头8周内奶牛体重损失25千克是常常发生的。当母牛靠消耗体内贮存来达到最高产奶量时，蛋白质可能成为第一限制因素。因此，日粮中应该用额外的蛋白质来平衡体组织消耗的能量。此期把体重下降控制在合理的范围内，是保证高产、正常繁殖及预防代谢疾病的最重要措施之一。增加营养浓度，减小“空档”，有可能将失重控制在合理的范围内，现在提倡的“引导（“挑战”）饲养法”就是在泌乳盛期增加营养浓度。具体做法是：从母牛产前2周开始，直到产犊后泌乳达到高峰逐渐增加精料，到临产时喂量以不得超过体重的1%为限。分娩后第3～4天起，每天增加精料0.5千克左右，直至泌乳高峰或精料不超过日粮总干物质的65%为止。注意在整个“引导”饲养期必须保证提供优质干草，日粮中粗纤维含量在15%以上，才能保证瘤胃的正常发酵，避免瘤胃酸中毒、消化障碍以及乳脂率下降。采用以上做法，可使多数奶牛出现新的泌乳高峰，称为“引导高峰”，增产趋势可持续整个泌乳期，因此，这种饲养法被称为“引导饲养法”。此法的优点在于可使瘤胃微生物区系及早调整，以适应分娩后高精料日粮；有利于增进分娩后母牛对精料的食欲和适应性，防止酮病发生。缺点是奶牛产犊后，往往因为消化机能不正常、便稀以及乳房水肿等原因而不能增加精料的喂量，引导饲养法无法继续进行；如果能保证产后持续增加精料直至泌乳高峰或自由采食，也会因降低粗饲料的采食量，对奶牛瘤胃内环境和机体健康产生不利的影响。理想的做法是控制瘤胃发酵，采用养分过瘤胃饲养法，即饲喂过瘤胃脂肪和过瘤胃氨基酸。我们用过瘤胃脂肪对赖氨酸和蛋氨酸进行包被处理，研制成功过瘤胃氨基酸高能复合物，以此饲喂奶牛，可以起到同时补充氨基酸和能量的效果，不影响粗饲料的采食量，保证了奶牛瘤胃的健康和消化机能的正常。

泌乳高峰期日粮：包括品质优良的高能粗料，如玉米青贮、优质干草等；能量含量高的谷类饲料，如玉米、大麦、高粱等；将天然蛋白质置于饲料表面饲喂。高产奶牛产后对钙、磷需要量很大，可补喂贝壳粉、蛎粉和石粉，但必须测其利用率，而不要单纯按其含量计算钙、磷。

(4)泌乳中期的饲养管理：奶牛产后101～200天为泌乳中期。本期内奶牛食欲最好，干物质采食量达到最高峰，高峰之后下降很平稳；产奶量逐月下降；体重和体力也开始逐渐恢复。此期想使产奶量不下降是不可能的，只能使下降的速度缓慢、平稳些，如提供多样化、适口性强的全价日粮，多运动，认真擦洗按摩乳房等。由于本期干物质采食量已达到高峰，而下降幅度又大大小于产奶量的下降幅度，因此，要调整日粮结构、减少精料，尽量使奶牛采食较多的粗饲料。

(5)泌乳后期的饲养管理：泌乳后期一般指奶牛产后第201天到干奶前。本期内日粮除饲养标准满足其营养需要外，对于体况消瘦的母牛还要增加营养，使母牛逐渐达到上次产犊时体重和膘情的标准——中上等体况，即比泌乳盛期体重增加10%～15%。本期必须防止奶牛体况过肥，以免难产。研究表明，从饲料能量的转换效率及饲养的经济效果来看，泌奶牛在此期各器官仍处在较强的活动状态，对饲料代谢能转化成体组织的总效率比干乳期高，故泌乳后期恢复体况比干乳期要经济、安全。

(6)泌乳牛饲养方案：

①饲喂全株玉米青贮，不使用啤酒糟。精料配方如

表 15 所示,饲养方案如表 16 所示。

表 15　饲喂全株玉米青贮,而不使用啤酒糟的精料配方

饲料原料	玉米	花生粕	玉米胚芽饼	棉粕	豆粕	麸皮	DDGS	磷酸氢钙	食盐	小苏打	碳酸钾	1%产奶预混料
配方一(%)	40	18	5	9		17	4	2.5	1	1.5	1	1
配方二(%)	45			11	22	15		2.5	1	1.5	1	1

表 16　饲喂全株玉米青贮,而不使用啤酒糟的饲养方案

原料	日产奶量 10 千克	日产奶量 20 千克	日产奶量 30 千克	备注
全株玉米青贮	20	20	25	在产奶量 10 千克、20 千克、30 千克的基础上,每增加 5 千克奶,增加 2 千克精料。
苹果渣	10	10	10	
豆腐渣	5	5	5	
花生蔓	3.5	3.5	4	
精料	2.5	7.5	8.5	
全棉籽			2	

②饲喂全株玉米青贮,使用啤酒糟。精料配方为,玉米 46%,花生粕 14%,饲料酵母 4%,棉粕 7%,麸皮

10%,黄酒糟 12%,磷酸氢钙 2%,碳酸钙 0.5%,食盐 1%,碳酸钾 1%,小苏打 1.5%,产奶预混料 1%。饲养方案如表 17 所示。

表 17　饲喂全株玉米青贮和啤酒糟的饲养方案

原料	日产奶量			备注
	10 千克	20 千克	30 千克	
全株玉米青贮	20	20	25	在产奶量 10 千克、20 千克、30 千克的基础上,每增加 5 千克奶,增加 2 千克精料。
苹果渣	10	10	10	
啤酒糟	5	8	8	
花生蔓	3.5	3.5	4	
精料	3	6.5	8	
全棉籽			2	

③饲喂全株玉米青贮,同时使用豆腐渣和啤酒糟。精料配方为,玉米 56%,花生粕 6%,豆粕 6%,棉粕 6%,麸皮 19%,磷酸氢钙 2%,碳酸钙 0.5%,食盐 1%,碳酸钾 1%,小苏打 1.5%,产奶预混料 1%。饲养方案如表 18 所示。

④饲喂青贮玉米秸、啤酒糟和苜蓿。精料配方为,玉米 63%,豆粕 12%,棉粕 6%,豆皮 7%,黄酒糟 5%,磷酸氢钙 2%,碳酸钙 0.5%,食盐 1%,碳酸钾 1%,小苏打 1.5%,产奶预混料 1%。饲养方案如表 19 所示。

表18 饲喂全株玉米青贮,同时使用豆腐渣和啤酒糟的饲养方案

原料	日产奶量			备注
	20千克	25千克	30千克	
全株玉米青贮	20	20	25	在产奶量30千克基础上,每增加5千克奶,增加2千克精料。
豆腐渣	5	5	5	
啤酒糟	10	10	10	
花生蔓	3.5	3.5	4	
精料	6.5	8.5	8	
全棉籽			2	

表19 饲喂青贮玉米秸、啤酒糟和苜蓿的饲养方案

原料	日产奶量			备注
	10千克	20千克	30千克	
青贮玉米秸	20	25	30	在产奶量20千克和30千克的基础上,每增加5千克奶,增加2千克精料。
啤酒糟	5	6	6	
苜蓿干草		2	3	
粗饲料颗粒	4	2	2	
精料	4	7	8	
全棉籽			2	

⑤饲喂青贮玉米秸、啤酒糟和干玉米秸。精料配方为,玉米57%,豆粕14%,棉粕7%,麸皮15%,磷酸氢钙2%,碳酸钙0.5%,食盐1%,碳酸钾1%,小苏打1.5%,产奶预混料1%。饲养方案如表20所示。

表 20　饲喂青贮玉米秸、啤酒糟和干玉米秸的饲养方案

原料	日产奶量			备注
	10 千克	20 千克	30 千克	
青贮玉米秸	20	25	25	在产奶量 20 千克和 30 千克的基础上，每增加 5 千克奶，增加 2 千克精料。
啤酒糟	5	8	8	
苹果皮	6	6	6	
干玉米秸	3	3	3	
精料	5	8	10	
全棉籽			2	

⑥饲喂全株玉米青贮等多种粗料，同时使用啤酒糟。精料配方为，玉米 45%，脂肪粉 1%，棕榈粕 4%，豆粕 17%，棉籽粕 8%，麸皮 9%，大豆皮 5%，DDGS3%，碳酸钾 1%，小苏打 2%，产奶预混料 5%。饲养方案如表 21 所示。

表 21　饲喂全株玉米青贮等多种粗料，同时使用啤酒糟的饲养方案

原料	日产奶量			备注
	20 千克	25 千克	30 千克	
青贮玉米青贮	20	25	30	在产奶量 30 千克的基础上，每
羊草	1	1	1	
花生蔓	1	1	1	

（续表）

原料	日产奶量			备注
	20 千克	25 千克	30 千克	
苜蓿干草	2	2	2	增加 5 千克奶，增加 2 千克精料。
啤酒糟	7	7	8	
精料	6.5	6.5	8	
全棉籽		2	2	

3. 奶牛干乳期饲养管理

妊娠后期，特别是分娩前 2 个月是胎儿生长最快的阶段，需要营养也最多。在产前给母牛 2 个月的干乳期，并加以合理的饲养管理，可保证胎儿的生长发育。母牛在干乳期中乳腺细胞可以得到充分休息和整顿，为下一个泌乳期更好地、积极地进行分泌活动做好准备。一旦分娩，进入下次泌乳期时，乳腺细胞更富有活力、大量泌乳。据用一卵双胎的母牛试验，与 60 天的干乳期相比，不干奶而持续挤奶的牛，在第二个泌乳期奶量减少 25%，第三个泌乳期奶量减少 40%。

（1）干乳期的长短：没有干乳期是不行的，干乳期太短也是不行的，而干乳期太长又会降低本胎次的产乳量。一般干乳期是 45～75 天，平均为 60 天。凡是初胎母牛及早期配种的母牛、体弱的成年母牛、老年母牛、高产母牛（年产乳6 000千克以上者）以及牧场饲料条件恶劣的母牛,需要较长的干乳期(60~75天)。一般体质强壮、产乳量较低、营养状况较好的母牛,干乳期可缩短为45~60天。

(2)干乳方法:干乳的方法关系到母牛的健康和能否造成乳房炎或其他疾患。干乳可分为逐渐干乳法和一次干乳法。

①逐渐干乳法:通过改变对泌乳活动有利的环境因素(主要是饲管活动)来抑制泌乳。此法要求在7~10天内将奶干完。在预定干乳前的7~10天开始变更饲料,逐渐减少精料、青草、青贮料等,适当限制饮水,加强运动和放牧,停止按摩乳房,减少挤奶次数,改变挤奶时间(由3次减为1次)。日产奶下降到4~5千克时停止挤奶,母牛逐渐干乳。

②一次停奶法:是充分利用乳房内的高压来抑制泌乳,完成停奶。停奶之日认真擦洗按摩乳房,将奶彻底挤净后就不再挤了。一次停奶法可最大限度发挥产奶潜力,因为停奶前一切正常,没有改变对泌乳活动有利的环境因素(饲养管理),一般可多产奶50千克左右;该法不影响母牛健康和胎儿生长发育,而常规法则相反。一次停奶法可使胎儿初生重提高3千克左右。

无论采用哪种干乳方法,在采取干奶措施前都要检查是否有隐性乳房炎。将四乳区的奶分别挤少许于4个盛奶皿中,然后分别滴上两滴检出液,稍加摇动,若出现凝块则为阳性，否则为阴性。阳性者要先治疗，转为阴性后再行干奶。采用抗生素法和激光穴位照射法治疗，激光穴位照射法的治愈率要高。对检查为阴性的奶牛，最后一次挤净奶后，还要采取预防乳房炎的措施。因为在干乳期中仍然有可能患乳房炎，尤其是第 1 周发病率可高达 34%，第 2 周为 24%，逐渐下降，产前发病率又增加。一般采用药液灌注后浸泡或封闭乳头孔的做法。经乳头向乳池灌注抗生素油剂，每个乳头 10 毫升。乳头孔要用抗生素油膏封闭，或用 5% 碘酒浸泡乳头（每天 1～2 次，每次 0.5～1 分钟，连续 3 天）。

在停止挤奶后 2 周内，要随时注意乳房情况。一般母牛因乳房贮积较多的乳汁而出现肿胀，这是正常现象，也不要抚摸乳房和挤奶，几天后就会自行吸收而使乳房萎缩。如果乳房肿胀不消而变硬，奶牛有不安表现时，可把奶挤出，继续干乳。如果发现乳房有炎症时可继续挤奶，待炎症消失后再行干乳。

（3）干乳期的饲养管理：母牛在干乳后 7～10 天，乳房内乳汁已被吸收、乳房已萎缩时，就可逐渐增加精料和多汁饲料，5～7 天达到妊娠干奶牛的饲养标准。在整个干乳期中，不能使母牛过肥。

对体况仍不良的高产母牛要提高营养水平，使它在产前具有中上等体况，即体重比泌乳盛期要提高10%～15%。这样才能保证正常分娩和在下次泌乳期获得更高的产乳量。对于体况良好的干奶牛，一般只给予优质粗饲料即可。对营养不良的干乳母牛，除给予优质粗料外，还要饲喂几千克精饲料。一般可按每天产10～15千克乳所需的饲养标准进行饲喂，日喂8～10千克优质干草、15～20千克多汁饲料（其中品质优良的青贮料占一半以上）和3～4千克混合精料。粗饲料和多汁料不宜喂得过多，以免压迫胎儿，引起早产。

对于干乳母牛，尤其要注意饲料的质量，必须新鲜清洁。冬季不可饮过冷的水（水温以15～16℃为宜），不要饲喂冰冻的块根饲料和腐败霉烂或掺有麦角、真菌、毒草的饲料，以免引起流产、难产及胎衣滞留等。

干乳母牛每天要有适当的运动，夏季可在良好的草场放牧，让其自由运动。但要与其他母牛分群放牧，以免相互挤撞，发生流产。冬季可视天气情况，每天赶出运动2～4小时，产前停止运动。干奶牛如缺少运动，则牛体容易过肥，会引起分娩困难、便秘等，早产和分娩后产乳量的降低。

母牛在妊娠期中皮肤呼吸旺盛，易生皮垢，因此，每天应刷拭，促进代谢。奶牛每天要进行乳房按摩，以利分娩后的泌乳。一般可以在干乳后10天左右开始按摩，每天1次，产前10天左右停止按摩。

（4）干乳牛饲养方案：

①干玉米秸和花生蔓为粗饲料：精料配方为，玉米

55%，玉米胚芽饼 8%，豆粕 7%，花生粕 5%，DDGS 4%，麸皮 16%，磷酸氢钙 2%，碳酸钙 1%，食盐 1%，干奶预混料 1%。饲养方案如表 22 所示。

表 22 以干玉米秸和花生蔓为粗饲料的饲养方案

原料	干奶第 1 个月（千克/天）	干奶第 2 个月（千克/天）
精料	4	5
干玉米秸	6	6
花生蔓	2	2

②全株玉米青贮和花生蔓为粗饲料：精料配方为，玉米 63%，豆粕 7%，花生粕 5%，豆皮 5%，麸皮 15%，干奶预混料 5%。饲养方案如表 23 所示。

表 23 全株玉米青贮和花生蔓为粗饲料的饲养方案

原料	干奶第 1 个月（千克/天）	干奶第 2 个月（千克/天）
精料	4	5
全株玉米青贮	15	15
花生蔓	3	3

③青贮玉米秸和花生蔓为粗饲料：精料配方为，玉米 55%，棉粕 5%，豆粕 7%，花生粕 6%，豆皮 7%，麸皮

15%，干奶预混料 5%。饲养方案如表 24 所示。

表 24　青贮玉米秸和花生蔓为粗饲料的饲养方案

原料	干奶第 1 个月（千克/天）	干奶第 2 个月（千克/天）
精料	5	6
干玉米秸	15	12
花生蔓	2	2

④青贮玉米秸和干玉米秸为粗饲料：精料配方为，玉米 55%，棉粕 5%，豆粕 7%，花生粕 6%，豆皮 7%，麸皮 15%，干奶预混料 5%。饲养方案如表 25 所示。

表 25　青贮玉米秸和干玉米秸为粗饲料的饲养方案

原料	干奶第 1 个月（千克/天）	干奶第 2 个月（千克/天）
精料	5	6
青贮玉米秸	15	12
干玉米秸	2	2

4. 奶牛围产期饲养管理

围产期奶牛是指分娩前后各 15 天以内的母牛。围产期对增进临产前母牛、胎儿、分娩后母牛以及新生犊牛的健康极为重要。实践证明，围产期母牛比泌乳中后期母牛发病率均高，母牛死亡有 70% ~80% 发生在这一时期。所以,这个阶段的饲养管理应以保健为主。上海将奶牛产后2～3周称为产后康复期。围产期医学已发展成一门新兴学科,奶牛饲养应加以借鉴。

(1)临产前母牛的饲养管理:临产前母牛生殖器最易感染病菌。为减少病菌感染,母牛产前7～14天应转入产房。产房必须事先用2%火碱水喷洒消毒,然后铺上清洁干燥的垫草,并建立常规的消毒制度。临产母牛进产房前必须填写入产房通知单并进行卫生处理,母牛后躯和外阴部用2%～3%来苏儿溶液洗刷,然后用毛巾擦干。产房工作人员进出产房要穿清洁的外衣,用消毒液洗手。产房入口处设消毒池,进行鞋底消毒。产房昼夜应有人值班。发现母牛有临产征兆,表现腹痛、不安及频频起卧,即用0.1%高锰酸钾液擦洗生殖道外部。产房要经常备有消毒药品、毛巾和接产用器具等。

临产前母牛饲养应采取以优质干草为主,逐渐增加精料的方法,对体弱临产牛可适当增加喂量,对过肥临产牛可适当减少喂量。临产前两周的母牛,可酌情多喂些精料,喂量也应逐渐增加,最大量不宜超过母牛体重的1%。这有助于母牛适应产后大量挤乳和采食的变化。对产前乳房严重水肿的母牛,则不宜多喂精料。临产前15天以内的母牛,除减喂食盐外,还应饲喂低钙日粮,钙含量减至平时喂量的1/3～1/2,或日粮干物质中钙的比例降至0.2%。

近年来,对预防奶牛产后瘫痪有了新办法,在分娩前2~3周向奶牛日粮中添加阴离子盐。阴离子盐是指那些含氯离子和硫离子相对高,而含钠和钾低的矿物质盐类。向奶牛日粮中添加阴离子盐,调节阴阳离子平衡(DCAB),负DCAB的日粮降低血液pH(轻度代谢酸中毒),因此激活了动物体内的钙平衡机制并刺激动用骨钙。分娩前奶牛的最优日粮离子平衡为每千克干物质-100~-150毫当量[(Na+K)-(Cl+S)]。减低日粮DCAB应当与提高日粮钙水平同步进行,将钙的喂量提高到每头每天120~150克。为保证奶牛的营养供给和阴离子添加的效果,应定期测定采食量和尿液的pH值。每周测定1次尿液的pH值,通常是在采食后的2~6小时,测定5头以上。如果尿液的pH值在5.5~6.5且奶牛的采食量正常,说明日粮的DCAB是合适的。

临产前2~3天精料中可适当增加麸皮含量,以防止母牛发生便秘。

(2)母牛分娩期护理:舒适的分娩环境、正确的接生技术对母牛护理和犊牛健康极为重要。母牛分娩必须保持安静,尽量自然分娩。一般从阵痛开始需1~4小时,犊牛即可顺利产出。如发现异常,应请兽医助产。

母牛分娩时左侧躺卧,以免胎儿受瘤胃压迫产出困难,分娩后应尽早站起。母牛分娩后体力消耗很大,安静休息,并饮喂温热麸皮盐水10~20 千克(麸皮500克,食盐50 克),以利恢复体力和胎衣排出。母牛分娩过程中,卫生状况与产后生殖道感染关系极大。母牛分娩后必须把两肋、乳房、腹部、后躯和尾部等污脏部分用温水洗净,用干净的干草全部擦干,并把沾污垫草和粪便清除出去,地面消毒后铺以厚的干垫草。母牛产后1~8 小时胎衣排出,要及时消除并用来苏儿清洗外阴部,以防感染。

为了使母牛恶露排净和产后子宫早日恢复,还应喂饮热益母草红糖水(益母草粉250 克,加水1 500 克,煎成水剂后,加红糖1 千克和水3 千克,水温40~50℃),每天1 次,连服2~3 次。犊牛产后一般30~60 分钟即可站起,并寻找乳头哺乳,此时母牛应开始挤奶。挤奶前挤乳员要用温水和肥皂洗手,另用一桶温水洗净乳房。用新挤出的初乳哺喂犊牛。母牛产后头几次挤奶,不可挤干净,一般挤出量为估计量的1/3。

母牛在分娩过程中是否发生难产、助产的情况,胎衣排出的时间、恶露排出情况以及分娩时母牛的体况等,均应详细记录。

(3)母牛产后15 天内的饲养管理:为减轻产后母牛乳腺机能的活动并照顾母牛产后消化机能较弱的特点,母牛产后2 天内应以优质干草为主,同时补喂易消化精料(如玉米、麸皮),并适当增加钙(由产前占日粮干物质的0.2%增加到0.6%）和食盐的含量。对产后3～4天的奶牛，如母牛食欲良好、健康、粪便正常、乳房水肿消失，即可随产乳量的增加逐渐加大精料和青贮喂量。实践证明，每天精料增加量以0.5～1千克为宜。

产后1周内的奶牛，不宜饮用冷水，以免引起胃肠炎。坚持饮温水，水温37～38℃，1周后可降至常温。为了促进食欲，要尽量多饮水，但对乳房水肿严重的奶牛，饮水量应适当减少。奶牛产后，产乳机能迅速增强、代谢旺盛，常发生代谢紊乱而患酮病和其他代谢疾病。严禁过早催乳，以免引起奶牛体况的迅速下降而导致代谢失调。产后15天，饲养的重点应以尽快促使母牛恢复健康为主。挤奶一定要遵守挤乳操作规程，保持乳房卫生，以免诱发细菌感染而患乳房炎。母牛产后12～14天肌注促性腺激素释放激素，可有效预防产后早期卵巢囊肿，并使子宫提早康复。

5. 高温季节奶牛的饲养管理

奶牛（尤其是荷斯坦牛）较耐寒不耐热，所以，防暑降温对提高全年产奶量较为重要。高温季节牛体散热困难，必将产生一系列的应激反应，如体温升高，呼吸加快，皮肤代谢发生障碍，食欲下降，采食量减少，营养呈负平衡。因此，奶牛体重减轻，体况下降，产乳量及乳脂量同时下降，繁殖力下降，发病率增高，甚至死亡。例如，某年武汉地区7～9月份，奶牛由于高温（41.3℃）

产奶量下降58%以上,有的还会发生热射病死亡;重庆地区第三季度比第四季度产奶量下降11.3%,母牛繁殖率下降33.3%,7月份受胎率仅为24.7%。

(1)满足营养需要:据测定,每升高1℃需要消耗3%的维持能量,即在炎热季节消耗能量比冬季大(冬季每降低1℃需增加1.2%维持能量),所以高温季节要增加日粮营养浓度。饲料中含能量、粗蛋白质等要多一些,但也不能过高,还要保证一定的粗纤维含量(15%~17%),以保证正常的消化机能。如果平时喂精料4千克,夏季可增加到4.4千克;平时喂豆饼占混合料的20%,夏天可增加到25%。

(2)选择适口性好、营养价值高的饲料:如胡萝卜、苜蓿、优质干草、冬瓜、南瓜、西瓜皮、聚合草等。

(3)延长饲喂时间,增加饲喂次数:高温季节,中午舍内温度比舍外低,如北京舍外凉棚下为34.4℃,舍内28.5℃。为了使牛体免于受到太阳直射,12点上槽,既可增加奶牛食欲,又能增加饲喂时间;饲喂如果由3次改为4次,在午夜再补饲一次,增奶效果更好。

(4)喂稀料,既增加营养,又补充水分:为此将部分精料改为粥料是有益的。如北京地区所配制的粥料,精料1.5千克,胡萝卜、干粕1.25~2.5千克,水5~8千克。

(5)减少湿度,增加排热降温措施:牛舍内相对湿度应控制在80%以下。相对湿度大，牛体散热受阻加大，会加重热应激。所以，牛舍必须保持干燥且通风良好，早晚打开门窗，有条件时可安装吊风扇，以加速水分排除，降低湿度。

(6)保持牛体和牛舍环境卫生：牛舍不干净，易污染牛体，这既影响牛体皮肤正常代谢，有碍牛体健康，又严重影响牛乳卫生。夏天经常刷拭牛体，有利于体热散失。夏天蚊蝇多，不仅干扰奶牛休息，还容易传染疾病，为此，可用1%～1.5%灭害灵药水喷洒牛舍及其环境。为了防止乳房炎、子宫炎、腐蹄病以及食物中毒，从5月开始用1%～3%次氯酸钠溶液浸泡乳头；母牛产后15天检查一次生殖器官，发现问题及时治疗；每月用清水洗刷一次牛蹄，并涂以10%～20%硫酸钠溶液；每天清洗一次饲槽。

6. 寒冷季节奶牛的饲养管理

为了克服外界气候对乳牛的影响，减少冬季鲜乳生产大幅度下降，乳牛场冬季必须重视保暖防潮。

(1)改善冬季饲养：冬季乳牛的维持营养需要增加，吃进的饲料不仅用于产奶，还要用于维持体温的消耗。所以，冬季应结合气候变化补足能量饲料，特别是优质干草和多汁饲料，同时还要增加精料比例。饲喂精料最好用热水拌料或喂热粥料，不喂冷料。

(2)改饮温水：泌乳牛冬季饮用冷水，会消耗体内大量热能，使产奶量减少；如改为饮温水，不仅可保持体温，增加食欲，增强血液循环，还可提高产奶量。所以，冬季应设温水池，供牛自由饮用。

(3)牛舍保暖防潮：冬季保暖防潮和夏季降温防暑具有同等重要的作用。据研究，荷斯坦奶牛在 -12℃ 以下产奶量会下降，主要原因是乳房被毛的保温作用不良，散热面积大，易受低温的影响，乳房血流量和乳腺细胞中酶的活性降低，乳成分合成效率下降。此外，低温还会使催乳素分泌减少，这也与产奶量下降有关。为此，牛舍保暖防潮的措施是：按建舍要求修建牛舍，且舍内温度保持在 0℃ 以上；保护乳房，牛床保持干燥卫生并加厚垫草；挤奶后除药浴乳头外，还要涂凡士林油剂，以防乳头冻裂；运动场粪尿及时清理，保持地面干燥。

7.关于奶牛“套餐”

奶牛“套餐”是根据不同的饲料资源特别是粗饲料资源，为满足不同奶牛（不同年龄胎次、不同体重体况和不同生产性能等）的营养需要而搭配设计的全价日粮。不同的粗饲料营养价值不同，牛的采食量及其利用率也不同，会产生不同的精料配方和喂量。在满足中低产奶量需要的精料（根据粗饲料的营养价值、采食量）基础上，添加满足高产需要的高能高蛋白混合精料，同时还要添加某些常量矿物质饲料。

如粗饲料为羊草、花生秧、玉米秸青贮，还有啤酒糟和豆腐渣两种辅料(辅料可以分为精饲料型和粗饲料型)。产奶量为10～20千克时,只补充基础精料;当产奶量达到30～40千克时,则需要添加高能高蛋白混合精料,并且还要补充食盐和钙等矿物质饲料。奶牛“套餐”如表26所示。

表26　奶牛“套餐”组成　(单位:千克)

饲料原料	产奶量			
	10	20	30	40
羊草	3	3	3	4
花生秧	1.5	2	2.5	3
玉米秸青贮	15	15	15	15
啤酒糟	5	10	10	10
豆腐渣	3	5	5	5
食盐(克)	0	0	30	35
碳酸氢钙(克)	0	0	70	80
碳酸钙(克)	0	0	100	120
基础混合精料	4	7	7	9
高能高蛋白混合精料	0	0	2	3

(四)奶牛群饲养管理效果评价

为了使牛群年年高产、稳产和长寿并获得良好的经济效益,必须对奶牛群定期进行饲养管理效果分析与饲养方案检查。

1. 体况分析

奶牛体况不仅与奶牛脂肪代谢、健康有关，还与奶牛泌乳、繁殖均有密切关系。一年之内要定期对牛群进行体况评分。按照奶牛体况评分标准(表 27)，过瘦的评 1 分，瘦的评 2 分，一般的评 3 分，肥的评 4 分，过肥的评 5 分。

表 27　奶牛体况评分标准

等级	观察触摸
1	背部脊骨突出，脊椎可见。胸部肋骨清晰可见。脊椎横突尖锐，触摸感觉不到脂肪层。腰角和坐骨结节突出，触摸尖锐。腰角和坐骨结节之间、尾根两侧深陷。腰椎横突形成明显的“搁板”。
2	大拇指触摸，可明显感觉到脊椎横突的圆形末端有薄薄的一层脂肪。可见胸部肋骨，但不如“1 级”明显。可见“搁板”，但不如“1 级”明显。从奶牛后面看，脊柱显著高于背线，脊椎间距不明显。腰角与坐骨结节之间、尾根两侧仍可见下陷，但不如“1 级”明显。
3	只有大拇指用力摸才能感觉到每个腰椎横突，“搁板”不易辨认。从奶牛后面看，脊椎的突起程度不如“2 级”。可见腰角和坐骨结节，但呈圆形。尾根两侧无凹陷。
4	用力触摸也感觉不到腰椎横突。从后面看不出脊背突起。腰角浑圆，从后面看两腰角间平直。从腰角至尾根区域，可感觉到很厚的脂肪层。

（续表）

等级	观察触摸
5	奶牛后背、两侧和后躯脂肪很厚，感觉不到腰椎横突。看不见肋骨和腰角。

必须结合奶牛不同的阶段进行体况评分。泌乳盛期的奶牛体重容易下降、变瘦；泌乳后期和干奶期则容易变肥；泌乳盛期过瘦往往使产奶量减少，体脂肪代谢异常和发情不明显，繁殖成绩不良；干奶期过肥，容易发生酮病等代谢疾病，第四胃变位，难产和分娩后食欲减退等。成年奶牛各阶段最佳体况，泌乳初期3.0～3.5分，泌乳盛期2.5～3.0分，泌乳中期3.0分，泌乳后期3.5分，干奶期3.5～3.75分。

2. 繁殖效果分析

为了准确分析饲养对牛群繁殖成绩的效果，必须对每头牛进行正确的繁殖记录。评定饲养管理对繁殖的效果通常采用以下方法。

(1)检查空怀率：通常产后90～110天不孕的母牛称为“空怀”。一个牛群成母牛空怀头数占5%以上，将严重影响全年产奶量。为此，每个月检查一次，采取措施降低空怀率。

(2)检查泌乳牛占全群成母牛的比例：实践表明，正在泌乳的母牛占全群成母牛头数75%以下时，说明已经出现了严重的繁殖问题，即使改进饲养管理产奶量也难以提高，必须进行全面检查；如果泌乳5个月以上的头数占全群成母牛45%以上，则更加说明繁殖问题的严重性。

（3）检查产犊间隔：产犊间隔是评价牛群繁殖力的重要指标。实践表明，奶牛产犊间隔超过400天则会造成重大经济损失，尽快查明延长产犊的原因并加以改进。

3. 产奶效果分析

评定和分析牛群的产奶性能，是检查奶牛群饲养管理效果的最重要指标。从产奶成绩检查分析饲养管理效果，常用的方法是制作年度泌乳曲线，得知哪个月泌乳最高，哪个月最低，历年趋势如何，并与以前记录进行比较。如泌乳曲线发生异常或普遍下降，应立即寻找原因，改善饲养管理。此外，还可以分析总奶量、总脂肪量的增减，以及饲喂精料量的增减和饲料效率等指标。

饲料效率（饲料报酬）= 总产奶量（千克）÷ 总精料量（该指标以2.5以上为宜）

4. 日粮营养水平评价

日粮营养水平应当能够满足奶牛的营养需要，不至于饲养过丰而导致奶牛肥胖。选用的饲料原料适合各阶段奶牛的消化生理特点。除注意日粮的营养水平外，还应注意日粮的能蛋比和蛋白质的构成（表28）。

表 28　泌乳期奶牛各类蛋白的适宜含量

项目	泌乳初期	泌乳中期	泌乳后期
日粮粗蛋白（%，干物质为基础）	17～18	16～17	15～16
可溶性蛋白占粗蛋白（%）	30～34	32～36	32～38
降解蛋白占粗蛋白（%）	62～66	62～66	62～66
非降解蛋白占粗蛋白（%）	34～38	34～38	34～38

5. 粗饲料采食量的评定

饲养奶牛，测定牛群平均每天粗饲料采食量非常重要。正常情况下奶牛平均日采食粗饲料（干物质）量下限为体重的2%，所以，根据牛群平均体重和头数就能计算得出该牛群每天至少应采食的粗饲料（干物质）量。

6. 反刍与饮水情况

运动场上不采食的牛约有 50% 正在反刍；饲喂设施充足，饮水充足。

7. 生理指标

牛奶尿素氮含量在 140～180 毫克/升（每月检查 1 次）；临产前尿液 pH 在5.5～6.5；临产前血液游离脂肪酸（NEFA）小于 0.40 mEq/升。

八、奶牛养殖设施建设与环境保护

(一)奶牛养殖场区的选址与规划布局

1. 奶牛养殖场区的选址

选址原则:符合牛的生物学特性,有利于保持牛体健康,有利于牛生产潜力的充分发挥,有利于充分利用当地自然资源,有利于环境保护。

(1)位置选择:牛场是生产单位,在生产过程中产生的废弃物会对环境造成污染。在选址时尽可能减少牛场造成的污染,避免人畜共患病的交叉传播。为此,牛场应在居民点的下风向,海拔高度不得高于居民点,位于径流的下方,距离居民点和其他养殖场不少于1千米,距离畜产品加工厂不少于1千米。为避免奶牛场与居民点、其他养殖场及畜产品加工厂相互干扰,还要建立树林隔离区。

交通方便是牛场与外界进行物资交流的必要条件,

但在距离公路、铁路过近时，交通工具所产生的噪音会影响牛的休息与消化，人流、物流也易传播疾病，所以牛场应距离交通干线不少于1千米。

（2）地形、地势的选择：牛场应建设在地势高燥、背风、阳光充足的地方，可防潮湿，有利于排水，有利于牛的生长发育和防止疾病。地下水位应在2米以下，可以避免雨季洪水的威胁，减轻毛细现象造成的地面潮湿。在丘陵山地建场应选择向阳坡，坡度不超过20°，总坡度应与水流方向相同，避开悬崖、山顶、雷击区等。

（3）土壤的选择：土壤分为沙土、黏土和沙壤土。沙土的特性是透气吸湿性差，透水能力强，易导热，热容量小，毛细管作用弱，故易保持干燥，不利于细菌繁殖，但昼夜温差大，不利于牛体温的调节。黏土的特性是透气吸湿性好，吸水能力强，不易导热，热容量大，毛细管作用明显，此类土壤的牛舍和运动场内潮湿、泥泞，不利于牛体健康，但昼夜温差小，有利于牛体温的调节。沙壤土的特性介于沙土和黏土之间，透气透水性强、毛细管作用弱、吸湿性小、导热性小，使牛场较干燥、地温较恒定，是牛场较理想的土壤。牛场的沙壤土也必须符合国家规定的土壤环境质量标准。

（4）水源的选择：养牛场要求水源充足，取用方便，每100头存栏牛每天需水约30吨，水质应符合国家规定的动物饮用水水质标准。在选择水源时，要调查当地是否因水质不良而出现过某些地方疾病等,还要便于防护,以保证水源水质处于良好状态,不受周围的污染;取用方便,设备投资少。

(5)资源条件选择:粗饲料资源丰富,牛场半径5千米内的粗饲料资源和原有草食动物的存养量决定了牛场的规模。电力要充足可靠,必须符合国家工业与民用供电系统设计规范标准的要求。

(6)其他条件:水保护区、旅游区、自然保护区、环境污染严重区、动物疫病常发区和山谷洼地等洪涝威胁地段,不得建场。

2. 奶牛场规划与布局

奶牛场规划原则要求建筑紧凑,在节约土地、满足当前生产需要的同时,综合考虑将来扩建和改造的可能性。规划面积按每头牛60~80米^{2}计算。

规模奶牛场应具备消毒室、消毒池、兽医室、成年奶牛舍、产房、犊牛舍、青年牛舍、观察牛舍、隔离牛舍、饲料间、青贮池、氨化池、贮粪场、粪污处理设施、装牛台、车库、办公室、宿舍等设施。这些设施依据生活管理区、生产区与隔离区进行布局。根据全年的主风向和地形地势,将管理区和生活区放在上风向及地势较高处,粪污处理场和病畜舍则放在最下风向和地势最低处,生产区位于中间。牛舍建筑长轴为东西向,牛舍朝向南或南偏东15°以内。各功能区界限分明,联系方便。功能区间距不少于50米,并有防疫隔离带或墙。

生活管理区设在场区常年主导风向上风向及地势较高处,主要包括生活设施、办公设施、与外界接触密切的生产辅助设施,设主大门。

生产区设在场区中间,主要包括牛舍与有关生产辅助设施。

隔离区设在场区下风向或侧风向及地势较低处,主要包括兽医室、隔离牛舍、贮粪场、装卸牛台和污水池。兽医室、隔离牛舍应设在距最近牛舍100米以外的地方,设有后门。

饲料库和饲料加工车间设在生产区、生活区之间,应方便车辆运输。草场设置在生产区的侧向。草场内建有青贮窖池、草垛等,有专用通道通向场外,草垛距房舍50米以上。牛舍一侧设饲料调制间和更衣室。

奶牛场与外界应有专用道路相连通。场内道路分净道和污道,二者严格分开,不得交叉、混用。净道路面宽度不小于3.5米,转弯半径不小于8米。道路上空净高4米内没有障碍物。

奶牛场一般采用分阶段饲养工艺,设施应满足奶牛生产的技术要求;经济实用,便于清洗消毒,安全卫生;优先选用性能可靠的配套定型产品。主要包括精、粗饲料加工、运输、供水、排水、粪尿处理、环保、消防、消毒等设施。

(二)奶牛养殖设施建设要求

1.拴系式牛舍

拴系式牛舍,亦称常规牛舍。母牛的饲喂、挤奶、休息均在牛舍内。优点是挤奶或饲养员可全天对奶牛进行看护,做到个别饲养,分别对待;母牛如有发情或不正常现象能及时发现;采用拴系式牛舍可充分发挥每头奶牛的生产潜力,夺取高产;但这种方式使用劳力多,占用的时间多,劳动强度大,牛舍造价较高;母牛的角和乳房易损伤,因为母牛在此种方式下不能“自我护养”。

(1)建筑形式:常见的有钟楼式、半钟楼式和双坡式3种。

钟楼式:通风良好,但构造比较复杂,耗建筑材料多,造价高,不便于管理。

半钟楼式:通风较好,但夏天牛舍北侧较热,其构造也较复杂。

双坡式:这种形式的屋顶可适用于较大跨度的牛舍,为增强通风换气可加大舍内窗户面积。冬季关闭门窗有利保温,牛舍建筑易施工,造价低。近几年,采用双坡式较为普遍。

(2)排列方式:牛舍内部可分为单列式和双列式。一般饲养头数较多的牛场多采用双列式,饲养头数较少牛场(如农村奶牛场)则多采用单列式。

在双列式中,又可分为双列对尾式和双列对头式两种,以对尾式应用较为广泛。因牛头向窗,有利日光和空气的调节,传染病的机会较少,挤奶及清理工作也较便利;同时还可避免墙被排泄物所腐蚀,但分发饲料稍感不便。对头式的优缺点与对尾式相反。

(3)牛舍布局:牛舍内应布局合理,便于人工操作(包括机械操作)。

①牛床:牛床是奶牛采食、挤乳和休息的场所,应具有保温、不吸水、坚固耐用、易于清洁消毒等特点。牛床的长度、宽度取决于牛体大小,并利于挤奶。

牛床尺寸:泌奶牛(170~190)厘米×(120~140)厘米,初孕和青年牛(170~180)厘米×110厘米,犊牛120厘米×80厘米。牛床的坡度一般为1%~1.5%,以利于粪尿沟排水。坡度不宜过大,否则容易发生子宫脱或胯脱。牛床不宜过短或过长,过短时奶牛起卧受限,容易引起乳房损伤、发生乳房炎或腰肢受损等;牛床过长则粪便容易污染牛床和牛体。水泥牛床后半部可用手指粗的木条,把水泥面压成10~15厘米大斜方块,可防止牛只滑倒。

②隔栏:为了防止牛只互相侵占床位和便于挤奶及其他管理工作,要在牛床上设有隔栏,通常用弯曲的钢管制成。隔栏前端与拴牛架连在一起,后端固定在牛床的2/3处,栏杆高80厘米,由前向后倾斜。

③饲槽:饲槽位于牛床前,通常为统槽。饲槽长度与牛床总宽度相等,饲槽底平面高于牛床。饲槽必须坚固、光滑,便于洗刷,槽面不渗水、耐磨、耐酸。饲槽尺寸如表 29所示。饲槽前沿设有牛栏杆,饲槽端部装置给水导管及水阀,饲槽两端设有窗栅的排水器,以防草渣类堵塞阴井。近年来,有些奶牛场饲槽采用地面饲槽,地面饲槽低于饲喂通道。

表 29　奶牛饲槽尺寸　(单位:厘米)

牛群	槽上部内宽	槽底部内宽	前沿高	后沿高
泌乳牛	55 ~ 60	35 ~ 40	35 ~ 40	60 ~ 65
青年牛	45 ~ 50	30 ~ 35	30 ~ 35	50 ~ 55
犊牛	30 ~ 35	25 ~ 30	15 ~ 20	30 ~ 35

④饲喂通道:饲喂通道位于饲槽前,宽度为 1.5(人工操作)~4.8 米(TMR),高出牛床地面 10 ~15 厘米。

⑤拴系形式:拴系有硬式和软式两种,硬式多采用钢管制成,软式多用铁链。铁链拴牛有固定式、直链式和横链式,一般采用直链式,简单实用、坚固、造价低。直杆铁链(长链)上,短链能沿长链上下滑动。采用这种拴系方法,牛颈能上下左右转动,采食、休息都很方便。

⑥粪尿沟:牛床与清粪通道之间应设粪尿沟,通常为明沟,沟宽为 30 ~40 厘米,沟深 5 ~10 厘米,沟底向

流出处略倾斜,坡度为 0.6%。粪尿沟也可采用半漏缝地板。现代化奶牛场多安装链刮板式自动清粪装置,链刮板在牛舍往返运动,可将牛粪直接送出牛舍,并撒入贮粪池中或堆肥,尔后送到田地。

⑦ 清粪通道:清粪通道与粪尿沟相连,在双列式牛舍中即为中央通道,是奶牛出入和进行挤乳作业的通道。为便于操作,清粪通道宽度为 1.6～2.0 米,最好有大于 1% 的拱度,标高一般低于牛床,地面应粗糙。

⑧ 门窗:为便于牛群安全出入,青年牛和成年牛舍门宽 180～200 厘米、门高200～220厘米,犊牛舍门宽 140～160 厘米、门高 200～220 厘米。

窗口有效采光面积与牛舍占地面积相比,泌乳牛 1∶12,青年牛则为 1∶10～1∶14。

(4)建舍要求:根据奶牛的特点,建筑牛舍时首先要考虑到防暑降温和减少潮湿。提高牛舍屋盖,增加墙体厚度。屋檐距地面高度应为 320～360 厘米;墙体厚度要在 37 厘米以上,或在墙体中心增设一绝热层(如玻璃纤维层等),可起到隔热和保暖作用。除在墙体上开窗口外,还要设天窗和地角窗,以加强通风,起到降温作用。注意通风设施的设计和安装。牛舍内应设排水和污水排放设施。

(5)附属设施:主要包括运动场、围栏、凉棚、消毒池及粪尿池等。

①运动场：运动场是奶牛自由运动和休息的地方，成年母牛以每头 20～25 米^2 为宜。一般多设在牛舍南侧，要求场地干燥、平坦并有一定坡度，场外设有排水沟。牛舍及运动场的周围要植树、种草绿化，以削弱太阳辐射对牛舍的气温影响。

围栏设在运动场周围，包括横栏与栏柱，必须坚固。横栏高 1～1.2 米，栏柱间距 1.5 米。围栏门多采用钢管横鞘，即小管套大管，作横向推拉开关。有的奶牛场是设置电围栏。钢管或水泥柱作为栏柱，用废旧钢管串联起来即可。运动场内还应设饲槽、饮水池。饲槽、饮水池周围应铺设 2～3 米宽的水泥地面，向外要有一定坡度。运动场还应设凉棚，凉棚为南向，棚盖应有较好的隔热能力。

②消毒池：奶牛饲养区进口处应设消毒池，消毒池结构应坚固，能承载通行车辆的重量。消毒池还必须不透水，耐酸碱。池子尺寸应以车轮间距确定，长度以车轮的周长而定。常用消毒池长 3.8 米、宽 3 米、深 0.1 米。

消毒池如仅供人和自行车通行，可放入药液，长 2.8 米、宽 1.4 米、深 5 厘米。池底要有一定坡度，池内设排水孔。

③粪尿池：牛舍距粪尿池 200～300 米。粪尿池的容积应由饲养奶牛的头数和贮粪周期确定。

2. 散放式牛舍

散放式牛舍是将传统的集中奶牛采食、休息和挤乳于牛舍内同一床位的饲养方式改变为分别建立采食区、休息区和挤乳区，以适应奶牛生活、生态和生产所需的不同环境条件。

在总体布局上，散栏式牛场以奶牛为中心，对饲草、饲料、牛乳和粪便处理进行分工，逐步形成4条专业生产线，即精料生产线、粗饲料生产线、牛乳生产线和粪便处理线。另外，建立公用的兽医室、人工授精室、产房等建筑和供水、供电、供热、供水、排污及道路等服务系统。

散放式比拴系式复杂，但具有广阔的发展前景，在北美和西欧已推行近40年。我国目前还不普遍，少数地区刚刚兴起。

3. 旧房改造

将现有房屋改为牛舍，可大大降低建设费用。现有房屋一般为鸡舍、厂房。鸡舍、厂房跨度在9米以上时，可采用双列式、尾对尾、头朝窗。如果跨度小，则采用单列式。后墙上的窗户要改到同前窗一样大，舍内布局同前述一样。

(三) 奶牛粪污处理与环境保护

1. 奶牛场环境污染特点及其危害

奶牛养殖过程中产生大量的粪尿、污水、有害气体等，如不处理则会造成对水源、土壤、大气的污染及传染性疾病的流行。奶牛场污染源主要包括固态废弃物、液态废弃物和气态废弃物。

固态废弃物：以粪便为主，还有垫料、生活和医用垃圾等。奶牛采食量大，是排粪量最多的家畜。据测定，成年奶牛，每天排粪量25～38千克，育成牛为12～29千克。奶牛粪相对不易发酵、肥效较低，因此生产中不能及时有效处理，易造成对周边环境的污染。此外，奶牛养殖中的残余饲料饲草、牛床垫料、奶牛被毛、皮屑等会产生大量粉尘并携带病原微生物，成为危害动物及人类健康的疫病传染源。

液态废弃物：以尿液和生产污水（包括牛舍冲洗水、挤奶消毒水及器具清洗水）为主。成年奶牛每天排尿量16～28千克，污水15～20升。液态废弃物中的大量病原微生物会污染水体，可引起某些传染病的传播和流行。

气态废弃物：包括氨气、硫化氢、甲烷、二氧化硫、二氧化碳、粪臭素等，污染周围空气，严重影响空气质量。

（1）对水质的污染：奶牛粪便及污水中含有大量的碳氢化合物、蛋白质、脂肪等易腐败有机物，直接排入水渠、鱼塘、江河湖泊后，可造成地表水水质浑浊。在微生物分解过程中会造成水体缺氧，使水质恶化，释放的氮、磷元素会引起水体富营养化，水中藻类大量繁殖，鱼类因缺氧而大批死亡。液态废弃物含有20多种微量元素，会造成地下水污染。

（2）对土壤的污染：奶牛粪便若直接排放地表，可导致土壤透气、透水性下降，土壤板结。在奶牛生产中还经常会使用一些化学消毒剂和化学药物，药物的残留通过粪便进入土壤中，会造成土壤的污染。液态废弃物中的重金属镉、铜、锌、铅、砷等在土壤中难于排除和分解，沉积于土壤表层，除被作物吸收直接影响作物生长外，还残留于作物，影响人畜健康。

（3）对空气的污染：对空气环境造成直接污染的是气态废弃物，称为恶臭物质。这些恶臭物质具有强烈的毒性，不仅刺激人畜嗅觉神经与三叉神经，对呼吸中枢发生作用，还会使血压及脉搏发生变化，影响呼吸和生理机能；粪便产生的氨气和硫化氢等发出恶臭，造成空气中含氧量相对下降，污浊度升高，降低空气质量，影响人畜健康生存，甚至造成人畜死亡。

（4）对大气的污染：甲烷在瘤胃气体中占30%～40%，以嗳气的方式经口排出体外，虽然它在大气中的浓度很少，但其单位体积造成的温室效应是却二氧化碳的20～30倍，对全球气候变暖的贡献率为15%～20%，是引起地球的“温室效应”的重要气体。

2. 奶牛粪污处理方法

随着规模化牛场的增多和存栏数量的增长，奶牛场粪污收集和处理成为一个日益严峻的问题，是奶牛养殖业实现现代化、集约化和标准化可持续发展的重要条件。

(1)清粪方式和工艺：

①人工清粪：散养户或小规模牛场每天污粪产生量较少，污粪的收集由手工完成。奶牛粪便经过简单处理后直接还田，会增加土壤肥力，提高农作物产量。人工清粪即利用铁锹、铲板、笤帚等将粪收集成堆，人力装车或运走。这种方式简单灵活，但工人工作强度大、环境差、工作效率低，人力成本也不断增加。

②铲车清粪：现代规模养殖场多采用铲车清粪。清粪铲车多由小型装载机改装而成，推粪部分利用废旧轮胎制成一个刮粪斗，更换方便，小巧灵活。采用这种铲车收集粪尿，耗油量大、运行成本高，且只能在牛群去挤奶的时候清粪，每天清粪次数有限，难以保证牛舍的清洁。此车体积大、工作噪音大，易对牛造成伤害和惊吓，不经济，也不灵活。

③水冲清粪：水冲收集设备主要包括水冲阀和水冲泵，须配套管路设施，在美国使用较为普遍。这种设备需要的人力少、劳动强度小、劳动效率高，能频繁冲洗，从而保证牛舍的清洁和奶牛的卫生，但须配备充足的水量、配套的污水处理系统、合适的牛舍坡度、输送污粪用的泵和管路等。在寒冷的气候下，如果不能保证牛舍零

度以上，没有充足的空间来储存、处理这些冲洗水，这种系统很难保证正常运行。

④机械刮粪板清粪：电动机械刮粪板能做到一天24小时清粪，时刻保证牛舍的清洁。机械操作简便，工作安全可靠，刮板高度及运行速度适中，基本没有噪音，对牛群的行走、饲喂、休息不造成任何影响，运行、维护成本低，对提高奶牛的舒适度，减轻牛蹄疾病和增加产奶量都有决定性影响。电动机械刮粪板清粪是我国当前发展的方向，具有先进性、实用性、可靠性及性价比高的特点。

(2)牛粪处理要求：尽量采用干清粪工艺，节约水资源，减少污染物排放量。粪便要日产日清，并将收集的粪便及时运送到贮存或处理场所。粪便收集过程中必须采取防扬散、防流失、防渗透等工艺。实行粪尿干湿分离、雨污分流、污水分质输送，以减少排污量。对雨水可采用专用沟渠、防渗漏材料等进行有组织排水；对污水应用暗道收集，改明沟排污为暗道排污。粪便经过无害化处理后可作为农家肥施用，也可作为商品有机肥或复混肥加工的原料。未经无害化处理的粪便不得直接施用。

(3)牛粪处理方法：

①腐熟堆肥法：固体粪便无害化处理可采用发酵堆肥技术。堆肥发酵要有足够的氧气。氧气不足则厌气

性微生物起作用,分解产物多数有臭味,堆肥时可插留许多小孔或经常翻动,以保持好气发酵环境;水分保持在65%左右较适宜;堆肥时微生物的生长需要有碳,牛粪适宜的堆肥物料碳氮比为21.5:1,所以应混入适量稻草、锯末、秸秆等粗料。

采用条垛式、机械化槽式和密闭仓式堆肥技术进行无害化处理。条垛式堆肥,发酵温度45℃以上不少于14天。机械化槽式和密闭仓式堆肥时,发酵温度50℃以上不少于7天,或发酵温度45℃以上不少于14天。堆肥处理后,蛔虫卵死亡率≥95%,粪大肠杆菌群数≤10万个/千克,堆体周围无活的蛆、蛹或新孵化的成蝇。

②生物发酵法:生物发酵法与腐熟堆肥法处理粪便的原理相同,要求条件也相同,只是在处理粪便时加入了“生物菌”。利用该原理可以进行工厂化生产有机肥。使用粪便固液分离设备,把牛粪压干(约含水60%),在畜禽粪便中掺入一定的秸秆粉、蘑菇渣等,以降低水分和提高碳氮比率,喷洒菌液进行发酵。夏季发酵时间可减少到7天左右,冬季10天左右。每日搅拌3~5次,以增加通氧量,扩大水分蒸发量。利用无害化处理后的粪便生产商品化有机肥和有机-无机复合肥,应分别符合NY 525和GB 18877的规定。

③沼气发酵:利用奶牛小区固态和液态废弃物,在一定条件下生产沼气,既达到了废物处理,又实现了有

效利用。产生沼气的条件：保持无氧环境，建造四壁不透气的沼气池，上面加盖密封；需要充足的有机物，以保证沼气菌等各种微生物正常生长和大量繁殖；有机物中碳氮比适当，一般以25∶1产气系数较高，因此，进料时须注意合理搭配原料；沼气菌的活动以35℃最活跃，池温低时，产气少而慢；沼气池保持pH6.5～7.5时产气量最高，过酸、过碱都会影响产气。处理后的沼渣达到要求方可用作农肥，沼液作为肥料进行农业利用。如寄生虫卵死亡率≥95%；血吸虫卵或钩虫卵不得检出；粪大肠菌群数常温沼气发酵≤1万个/升，高温沼气发酵≤100个/升；沼液中无孑孓，池体周围无活的蛆、蛹或新孵化的成蝇。

（4）污染物排放：水污染物排放应符合国家和地方的有关规定。水污染物最高允许排放量，水冲工艺夏季为30米^3/百头·天、冬季20米^3/百头·天；最高允许日均排放浓度为氨氢80毫克/升、总磷8毫克/升，粪大肠菌群数1 000个/100毫升，蛔虫卵2个/升。

设置废渣的固定储存设施和场所，粪液不得渗漏、溢流。用于直接还田的粪便必须进行无害化处理，蛔虫卵死亡率≥95%，粪大肠杆菌群数≤10万个/千克，堆体周围无活的蛆、蛹或新孵化的成蝇；恶臭污染物排放标准为臭气浓度≤70%，臭气浓度是指恶臭气体（异味）用无臭空气进行稀释，刚好无臭时的稀释倍数。

3. 奶牛场环境保护措施

(1)科学规划、合理布局,从源头上控制污染。新建、扩建、改建奶牛养殖场(小区)时,应根据当地的自然条件、生态环境、社会环境和拥有的土地面积对养殖规模、卫生防疫、粪污处理等进行科学规划,根据设计规模制订出一套完整的粪污处理方案。

在选择场址时应考虑周围可耕种作物的土地面积和对污染物的承载能力,考虑与居民点、水源的间距。对场区建设进行合理布局,生产区与生活区必须隔离,对粪池、死畜尸体处理及污水处理设施等功能区的定位应考虑风向、地势和间距。粪池的设计容积达到能容纳6个月粪便的贮存量。

(2)种养结合,促进粪便资源化利用。奶牛粪便中含有农作物所需的氮、磷、钾等多种营养成分,是一种能被种植业用作土壤肥料来源的有价值资源。奶牛场的粪便在进行干燥、厌氧发酵产沼气或堆肥处理后可与适量的农田配套,实行种养结合,不仅能减少粪污对环境的压力,还能够提高土壤肥力和农产品质量,节约种植业的成本,提高生态、环境、经济整体效益。

(3)改善生产工艺,减少污染物产生量。采用干清粪工艺,牛舍设计可采用带漏缝盖板的粪尿沟,使粪尿分离。采用暗沟排水。上层牛粪收集入粪池,下层尿液经排污沟进入污水处理设施。夏天运动场的牛粪稍加翻晒后，可直接装袋运往异地堆制有机肥。

将拴系式牛舍传统的槽式饮水改造为自动饮水装置（自压式或浮球阀式），可节水80%，不但可节约用水成本，而且可减少污水产生量。

（4）加强饲养管理。及时清除废弃物，防止昆虫孳生。保持牛床、运动场及周围环境清洁、干燥，做到及时清理粪尿，勤换垫料。加强排水控制，防止污水直接污染水源。做好牛场绿化，可以明显改善小区气候，净化空气，减少尘埃，减弱噪声。同时种植牛场外围的防护林带、各单元间的隔离林带，能够减少疫病传播机会，达到防风防火作用。选择利用率高的饲料原料，合理利用饲料添加剂，提高饲料消化率。在奶牛日粮中合理使用酶制剂、微生态制剂（EM）、丝兰属植物提取物等饲料添加剂，可提高饲料营养物质的消化率和利用率，降低粪便的恶臭气味，减少粪尿的排泄量和氮、磷的产生量。对奶牛病死尸体的处理，从无害化处理原则出发，尽快火化或深埋。

（5）因地制宜，采用经济有效的污水处理技术。奶牛养殖污水的产生量及污染物的浓度因养殖规模而异。人们在投资污水处理设施时，应因地制宜。选择经济有效的污水处理技术既能实现达标排放，又能做到前期投资省、运行成本低、节能降耗、持续运作。

图书在版编目（CIP）数据

奶牛产业先进技术/孙国强主编. —济南:山东科学技术出版社,2015.12（2017.11 重印）
科技惠农一号工程
ISBN 978-7-5331-8023-2

Ⅰ.①奶… Ⅱ.①孙… Ⅲ.①乳牛—饲养管理 Ⅳ.①S823.9

中国版本图书馆 CIP 数据核字(2015)第 277046 号

科技惠农一号工程

现代农业关键创新技术丛书

奶牛产业先进技术

孙国强　主编

主管单位:山东出版传媒股份有限公司

出 版 者:山东科学技术出版社

地址:济南市玉函路 16 号
邮编:250002　电话:(0531)82098088
网址:www.lkj.com.cn
电子邮件:sdkj@sdpress.com.cn

发 行 者:山东科学技术出版社

地址:济南市玉函路 16 号
邮编:250002　电话:(0531)82098071

印 刷 者:山东金坐标印务有限公司

地址:莱芜市嬴牟西大街 28 号
邮编:271100　电话:(0634)6276022

开本: 850mm×1168mm　1/32
印张: 5
版次: 2015 年 12 月第 1 版　2017 年 11 月第 3 次印刷

ISBN 978-7-5331-8023-2
定价:14.00 元